AF473114

VOYAGE

EN ESPAGNE

VOYAGE

DE DEUX AMIS

EN ESPAGNE.

(1831.)

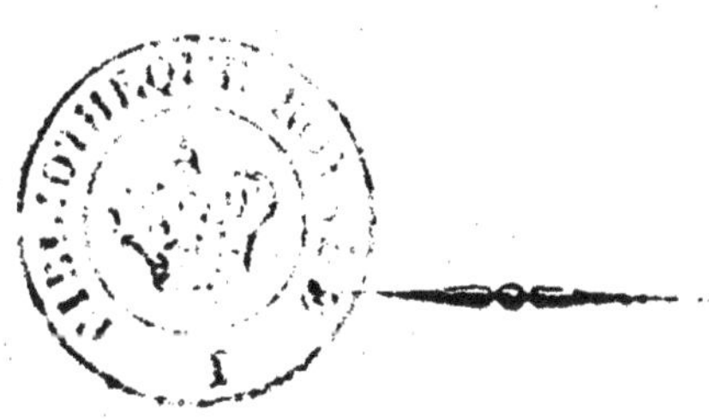

PARIS,
IMPRIMERIE DE H. FOURNIER,
RUE DE SEINE, N° 14.
1834.

A NOS AMIS.

C'est pour vous, pour vous seulement, dont l'indulgente amitié prêtera à notre récit le charme qui lui manque, que nous nous sommes décidés à faire imprimer les notes que nous avons recueillies à la hâte dans le curieux, l'intéressant, le périlleux pays que nous avons visité.

Notre narration sera rapide comme notre voyage; nous vous ferons aller de Paris à Perpignan, sans presque reprendre haleine; là, nous franchirons les Pyrénées, nous traverserons toute l'industrieuse Catalogne, une partie du beau royaume de Valence, la Manche, la Vieille-Castille et l'Andalousie; nous naviguerons ensuite sur le Guadalquivir, l'Océan et la Méditerranée; nous débarquerons enfin, heureux de revoir la France! heureux de pouvoir bientôt embrasser nos amis!

Paris, 1er septembre 1835.

JOURNAL

DU 19 AVRIL AU 26 JUILLET 1834.

DE PARIS A BORDEAUX.

Du 19 au 22 avril.

Après avoir reçu les adieux de nos parens et de nos amis, nous partîmes de Paris, à six heures du soir, par les diligences Laffitte et Caillard; nous étions à Orléans à cinq heures du matin; à huit heures nous nous arrêtâmes à Beaugency pour déjeûner. Il était onze heures quand nous passâmes à Blois; là on nous demanda pour la première fois nos passeports, et jusqu'à Bordeaux nous trouvâmes toute la gendarmerie en émoi par suite des évènemens de Paris et de Lyon nous avions toujours les passeports à la main. A cinq heures, nous arrivâmes dans la jolie ville de Tours, et la diligence s'arrêta à l'hôtel du *Faisan*, un des meilleurs de France; nous y fîmes un excellent dîner. De Tours, nous fûmes à Châtellerault, ville renommée pour sa coutellerie et pour certaine aventure scandaleuse dont les dames du pays n'ont pas perdu le souvenir. Des marchandes de couteaux, jeunes et vieilles, assiégèrent notre voiture, quoiqu'il fût presque une heure du matin, et bon gré mal gré il fallut leur acheter. Le 21 avril, à cinq heures du matin, nous nous réveillâmes à Poitiers, et nous fûmes nous réchauffer chez mademoiselle Isabelle, jeune personne assez gracieuse chez laquelle nous prîmes une tasse de café. A cinq heures et demie, nous étions en voiture, et nous en descendîmes, à onze heures, dans le petit bourg de Ruffec pour y faire un second déjeûner. Cet endroit est renommé pour ses pâtés de perdreaux truffés. Notre halte fut à peine d'un quart d'heure; nous continuâmes rapidement notre chemin jusque dans la ville d'Angoulême, ou plutôt dans son faubourg, car les diligences n'entrent pas dans la ville. Nous fîmes là un assez bon dîner, et nous nous séparâmes d'un brave lieutenant du 49ᵉ, parti en même temps que nous de Paris, dont la société nous avait été fort agréable; il avait beaucoup voyagé et racontait assez [illegible] Il ne nous restait plus que vingt-huit lieues à faire pour arriver à Bordeaux, et nous y entrâmes le lendemain 22 avril, à six heures du matin, par un pont d'une longueur et d'une architecture remarquables. D'Angoulême à Bordeaux, nous traversâmes Barbezieux, où plus d'un gastronome aurait gémi de passer sans donner un coup de dent. Puis, un peu avant le jour, nous arrivâmes sur le bord de la Dordogne, où, faute d'un pont, qui n'existe encore qu'en projet, nous fûmes arrêtés plus d'une heure et demie; enfin un bac d'une énorme dimension, avec une grossière machine mue par six chevaux aveugles, nous fit traverser la rivière qui, dans cet endroit, a au moins un quart de lieue de large.

SÉJOUR A BORDEAUX.

Les 22 et 23 avril.

Cette ville est superbe, et mérite, sans contredit, la réputation de la plus belle ville de France après Paris. Nous pourrions accorder la même distinction, non seulement aux dames de Bordeaux, mais aux femmes en général; celles de la dernière classe y ont une tournure que ne dédaignerait pas plus d'une grande dame de la capitale.

Nous descendîmes à l'hôtel du *Commerce*, près la salle de spectacle. Après avoir fait un peu de toilette, nous allâmes visiter quelques quartiers de la ville, les Quinconces, la superbe place où se trouve le théâtre, les allées de Tourny, etc. Notre bonne étoile nous conduisit au café *Anglais*, tenu par une femme aussi jolie que gracieuse, qui nous fit servir un très-bon déjeûner arrosé d'excellent vin de Bordeaux. Ajoutez à cela un ciel sans nuages, l'Andalousie en perspective; et nous vous laissons à penser si notre déjeûner fut gai.

Le lendemain, nous continuâmes nos courses. Notre première visite fut à l'église cathédrale; architecture gothique, mais peu remarquable. Nous montâmes tout au haut du clocher, afin de jouir de la vue du panorama de la ville et de ses environs. Notre ascension fut très-pénible; nous eûmes à grimper à plus de dix échelles; mais nous fûmes amplement récompensés de notre fatigue par le spectacle admirable qui s'offrit à nous: une ville magnifique se déployant à nos pieds, la Gironde chargée de bâtimens; puis, au loin, la Garonne, belle et transparente, venant à travers une riante campagne mêler ses eaux à celles, malheureusement jaunâtres, de la Gironde.

De là, nous allâmes au Musée qui n'offre rien de curieux. Nous fûmes le soir au théâtre entendre M. et Mme Moreau-Sainti dans *la Seconde année*. Ces deux acteurs sont fort goûtés du public bordelais. La salle de spectacle est remarquablement belle, surtout à l'extérieur.

Dans nos promenades d'observateurs, nous n'oubliâmes pas le petit peuple, les faubourgs, les marchés. La tournure, la coiffure des femmes (un simple madras, mis en apparence d'une manière fort négligée, mais cachant en réalité beaucoup de coquetterie), le langage méridional, attirèrent principalement notre attention. Nous rencontrâmes une noce au moment où les mariés entraient sous le toit conjugal; la rue était parsemée de fleurs, et le couple heureux distribuait des bouquets à une foule de jeunes filles attirées probablement par la curiosité, et peut-être aussi par la vertu matrimoniale qu'elles attribuent à ce bouquet.

DÉPART DE BORDEAUX POUR TOULOUSE.

24 avril.

On compte 66 lieues de Bordeaux à Toulouse; il faut trente heures pour les faire. Nous avons cotoyé presque toujours la Garonne. Les bords de la Loire n'offrent pas de sites plus jolis ni plus variés. Nous avons passé par La Réole, Marmande, Agen et Castel-Sarrazin. Une grande partie des femmes et des enfans vont pieds nus, et, chose assez singulière, les premières sont principalement occupées à tricoter des bas; les vieilles femmes filent au fuseau comme le faisaient jadis nos arrière-grand'-mères. Nous ne comprenons plus rien au patois du pays, et plus nous avançons, plus nous y trouvons d'analogie avec l'espagnol.

Une vieille et grosse femme, qui tenait la place de quatre, et était exigeante comme huit, rendit le commencement de la route légèrement ennuyeux; heureusement qu'à moitié chemin nous quittâmes l'intérieur pour le coupé, et nous eûmes pour compagnon de voyage un ex-officier de la garde royale, dont la conversation était à la fois instructive, spirituelle et amusante.

Un petit comédien de province, tranchant du grand seigneur, sa femme, son enfant et son chien, prirent place dans notre diligence à Agen. Madame avait le plus grand soin de son chien, et le pauvre enfant paraissait très-délaissé.

Nous arrivâmes à Toulouse le 25 à six heures du soir;

nous descendîmes à l'hôtel *Béchain*, où nous fûmes très-bien.

Toulouse diffère essentiellement de Bordeaux; c'est une ville tout à la fois simple, poétique et savante, tandis que l'autre est riche, fashionable et ignorante. Il y a beaucoup de fontaines à Toulouse; le seul monument remarquable est le Capitole. N'oublions pas cependant une colonne simple, mais de bon goût, élevée sur une des places en mémoire du général Dupuy et de la trente-deuxième demi-brigade.

Les femmes sont moins bien à Toulouse qu'à Bordeaux; elles portent généralement un bonnet à trois ou quatre plis d'un quart de long, formant visière droite. La ville est remplie d'étudians et de militaires.

DE TOULOUSE A CARCASSONNE,

PAR LE BATEAU-POSTE.

27 avril.

Levés à cinq heures du matin, nous nous dirigeâmes vers le canal; le bâteau allait partir, et nous nous hâtâmes de prendre place au milieu d'une trentaine de voyageurs, grisettes, étudians, Espagnols, parmi lesquels figurait le célèbre Romero Alpuente, ancien cortès en 1812 et 1820. C'est un vieillard de plus de quatre-vingts ans, qui profitait de l'amnistie pour aller mourir sur le sol natal. Son secrétaire nous engagea à l'aller voir. (Il était seul dans un petit salon.) Il nous reçut parfaitement bien et nous fit boire un petit verre de liqueur et fumer *el cigarrito*. Un vent épouvantable nous empêcha de monter sur le pont, et nous fit trouver la journée bien longue. Nous n'étions pas au bout de nos peines : arrivés à une heure du matin à Carcassonne, nous fûmes accostés par un homme en manteau, qui nous proposa de nous conduire à un bon hôtel ; nous acceptâmes, et cinq minutes après nous étions dans une véritable *Auberge des Adrets ;* on en jugera par notre dépense qui s'éleva à 1 franc 25 centimes chacun, pour souper, coucher et déjeûner.

DE CARCASSONNE A LIMOUX.

15 avril.

Nous avions hâte de quitter le repaire où nous avions passé la nuit. A peine levés (sept heures), nous arrêtâmes nos places à la voiture de poste qui partait à deux heures pour Limoux.

En attendant l'heure de notre délivrance, nous visitâmes la ville qui est assez jolie. Les rues sont bien percées et arrosées par plusieurs fontaines, dont une surtout est fort belle. A l'extrémité d'un des faubourgs, on monte à une vieille forteresse du moyen âge, assez curieuse ; la citadelle sert de logement militaire.

De Carcassonne à Limoux on compte six lieues ; c'est là que nous commençâmes à voir la chaîne de montagnes qui va toujours s'augmentant jusqu'à Perpignan. Comme il faisait jour, nous choisîmes mieux cette fois notre hôtel ; nous dînâmes très-bien à celui *du Parc*, et nous n'oubliâmes pas de nous faire servir une bouteille de *blanquette de Limoux*.

Le 29, à cinq heures du matin, nous étions sur pied; la matinée était délicieuse; nous ne nous lassions pas d'admirer la belle campagne qui nous entourait et de respirer l'air pur qui venait des montagnes voisines. L'hôtel *du Parc* est très-bien situé : il est à quelques pas de la ville et touche à un très-beau parc qui lui donne son nom. Nous fûmes nous y promener jusqu'à sept heures, heure à laquelle nous devions monter dans la voiture de Perpignan. Pendant notre promenade nous parlâmes beaucoup de nos familles, de nos amis. Quand la nature est si belle et si calme le cœur prend plaisir à s'épancher! Il est une heure, nous sommes près du col Saint-Louis..... Tremblez, nos bons amis! un précipice est à nos pieds! nous allons ventre à terre, et qu'une roue se casse ou qu'un cheval s'abatte, à peine pourrions-nous dire adieu!...

Rassurez-vous, point de roue cassée, ni de cheval abattu; mais nous avons les yeux fatigués de voir ces effrayantes montagnes, ces chèvres bondissantes, ces montagnards dont l'étrange physionomie nous ferait croire que nous sommes déjà en Espagne!

Deux lieues avant Perpignan, nous apercevons les hautes montagnes qui séparent la France de la Péninsule.

PERPIGNAN.

Nous sommes arrivés dans cette ville à sept heures du soir; nous allâmes bien vite nous restaurer à l'hôtel du *Petit Paris*, car nous mourions de faim. Dès le lendemain, nous retenons nos places pour Barcelonne; nous ferons notre entrée en Espagne le 1er mai.

Perpignan n'est remarquable que comme place forte; l'intérieur de la ville est triste : nous devons cependant rendre justice à la promenade qui est belle, et citer le *Castillet* dont l'architecture sarrazine est assez curieuse.

Depuis que nous sommes en route le temps a été constamment beau.

DE PERPIGNAN A BARCELONNE.

(40 lieues de France.)

1 et 2 mai.

A deux heures du matin, nous fûmes réveillés par le facteur de la diligence; nous nous habillâmes à la hâte et dans les ténèbres, notre chandelle s'étant éteinte; et à trois heures nous étions en diligence. Tous nos compagnons de voyage étaient Espagnols; les uns émigrés, qui, après huit ou dix ans d'absence, rentraient dans leur patrie; d'autres, avec lesquels nous nous liâmes plus particulièrement, étaient officiers des *urbanos* (garde nationale) de Saint-Sébastien, ils allaient à Madrid, et pour éviter *los facciosos* (les factieux), ils étaient venus par Bayonne et Perpignan, chemin quatre fois plus long que par la route directe.

Peu après notre sortie de Perpignan, nous atteignîmes les Pyrénées. A l'extrême frontière, sur le sommet d'une montagne, se trouve le fort Bellegarde qui appartient à la France. A peu de distance de ce fort, au moment où la route commence à descendre, nous vîmes la borne qui sépare les deux états; cette borne porte d'un côté les armes de France et de l'autre celles d'Espagne.

Il était huit heures du matin quand nous entrâmes sur le territoire espagnol; nous éprouvâmes tout à la fois mille émotions diverses; mais, il faut l'avouer, le plaisir de voir un peuple nouveau pour nous dominait tous les autres. Quand le jour du retour sera venu, notre France aura son tour, et le bonheur d'embrasser tout ce qui nous est cher vaudra mille fois mieux encore.

DE L'ESPAGNE.

Arrêtons-nous un moment sur le sommet de ces imposantes Pyrénées, où l'œil étonné admire une nature pittoresque autant que merveilleuse. Et parlons un peu de l'état physique et moral du pays que nous allons parcourir.

L'Espagne, comme chacun sait, est parfaitement située, séparée de la France par une chaîne de montagnes presque infranchissables; l'Océan et la Méditerranée baignent ses rivages et compléteraient ses défenses naturelles, si le Portugal n'en avait pas été détaché. Comme chaque peuple doit tendre à posséder les frontières que la nature semble lui avoir tracées, un jour viendra où ces deux royaumes seront réunis; mais ce jour, la politique anglaise et, il faut l'avouer, l'antipathie qui existe entre les Espagnols et les Portugais, l'éloigneront long-temps encore.

STATISTIQUE (1) ET POLITIQUE.

Population. — Races. — Revenus. — Clergé. — Noblesse. — Bourgeoisie. — Assemblées délibérantes.

Les races anciennes et celles du moyen-âge, dont la population de l'Espagne tire son origine, sont singulièrement nombreuses et variées.

Les races indigènes étaient les Bœticiens, les Lusitaniens, les Celtibères, les Lacetaniens, les Cantabres, les Vacciens, les Callaiciens. Les races exotiques furent les Phéniciens, les Grecs, les Carthaginois, les Romains, les Vandales, les Suèves, les Alains, les Goths, les Arabes ou Maures, et les Normands.

Les croisemens multipliés de toutes ces races ont fait disparaître le type particulier de chacune d'elles dans plusieurs provinces qu'elles ont autrefois habitées; mais il en est cependant quelques autres dont les traits caractéristiques dominent encore et qui constituent les plus remarquables de ceux par lesquels le peuple espagnol, l'un des plus beaux de l'univers, est distingué des autres races de l'Europe.

La population de l'Espagne est douée de qualités physiques d'un ordre supérieur, et d'une intelligence naturelle dont la force et l'étendue la placent au nombre des peuples les plus favorisés.

(1) Nous avons extrait de l'ouvrage de M. Moreau de Jonnès cette petite statistique, dont l'exactitude est incontestable.

La population de l'Espagne s'élevait en 1803, à l'époque du recensement, à 10,268,000 habitans. En 1826, elle était de près de 15 millions.

Heureusement pour l'Espagne, il lui faut quatre-vingt-neuf ans pour doubler sa population, et les ressources de son territoire sont telles qu'il n'est pas à craindre pour elle que son capital s'accroisse suivant une progression moins rapide.

Voici comment on divisait numériquement les différentes classes de la société au commencement de ce siècle :

Clergé	203,298
Noblesse	1,440,000
Employés civils et militaires	343,047
Avocats, notaires, étudians	199,566
Administration, armée, marine	590,000
Domestiques	840,276
Commerçans	103,017
Fabricans	119,250
Artisans	813,967
Laboureurs	2,721,291
Journaliers	2,893,713

Il résulte de ces chiffres dont on peut admettre la proportion aujourd'hui, en tenant compte cependant de la diminution de la noblesse, que celle-ci compose un vingt-quatrième de la population totale, le clergé un cinquantième, les domestiques un douzième, la population agricole la moitié de la population totale. M. Moreau de Jonnès y comprend sans doute la classe des propriétaires oisifs, puisqu'il ajoute qu'il y a en Espagne un individu sur trois qui travaille, et que les deux autres tiers ne font rien.

Un douzième de la population espagnole vit de vol, de contrebande ou d'aumônes.

Clergé.

En 1826 le clergé était composé de 186,498 individus, dont 92,627 du clergé régulier; dans le nombre total sont compris les sacristains et autres laïcs au service de l'église, au nombre de 46 mille.

Revenus.

M. de Jonnès évalue le revenu net total de l'Espagne à 1,218,979,000. Sur cette somme, 681,690,000 proviennent du produit de l'agriculture, et 351,840 de l'industrie du commerce. Il est remarquable que les frais de production agricole n'absorbent pas plus de la moitié du produit total, tandis que la France est obligée de consacrer à ses frais les trois quarts de ce produit. L'Espagne se trouve en cela au niveau de l'Angleterre et de la Prusse.

Revenus du clergé.

Les biens-fonds possédés par le clergé équivalent à un revenu de 150 millions. La dîme en produit un de 81 millions; le casuel un autre de 32 millions. Ensemble près de 263 millions de francs.

On dit en Espagne 60,000 messes par jour, pour 21 millions par an; 410,000 sermons payés à part, etc.

Noblesse.

On ne compte plus aujourd'hui qu'un individu noble sur 24. Cependant il y a des provinces, celle de Biscaye et les Asturies, par exemple, où presque toute la population est noble. Cela explique comment il se fait qu'une grande partie des domestiques, des cochers de grandes maisons, par exemple, appartiennent à la noblesse.

La noblesse espagnole était divisée en divers degrés, dont l'appréciation était fort différente. Il y avait autrefois les hidalgos, les ricos-hombres, les infanzones, les escuderos, mesnaderos, mesnaderos cavalleros, generosos, etc.; en 1575, Belleforest comptait 20 ducs ayant de 50 à 60,000 ducats de revenu, 20 marquis, 60 comtes de 10 à 20,000, et plusieurs ayant jusqu'à 60,000; ce revenu s'élevait à 75 millions, et vu la différence du prix de l'argent, il équivaut à 225 aujourd'hui.

La première classe de la noblesse possède d'immenses propriétés territoriales. On assure que les maisons de Medina-Celi, d'Albe, de l'Infantado, d'Aceda et quelques autres ont des biens d'une étendue de douze à quinze lieues. Les terres du duc de Berwick rapportaient, en 1787, un revenu net de 386,000 francs. Les biens du duc d'Albe produisaient deux millions. Ceux du duc d'Ossuno et du marquis de Penaficlo plus de 1,250,000 francs. Le duc d'Arcos entretenait à Madrid trois cents laquais.

La noblesse titrée est peu nombreuse; elle ne dépassait pas, il y a dix ans, le nombre de 1323 ducs, comtes et barons.

Une exception fort honorable pour la noblesse espagnole, c'est qu'on lui doit les défenseurs les plus courageux de l'indépendance nationale et des libertés publiques, et que de son sein sont sortis une foule d'hommes éclairés et d'excellens citoyens.

Bourgeois.

Sauf à excepter l'Aragon, où cependant l'établissement des fiefs fut général et s'est maintenu jusqu'à nos jours, les différens états dont la réunion forme l'Espagne sont les premières contrées de l'Europe où la participation aux affaires publiques s'étendit au moyen-âge à la classe de la bourgeoisie.

La première mention des députés des villes aux cortès de Castille remonte jusqu'à l'an 1188. Dans celles tenues à Burgos par le roi Alonzo VIII, il y avait deux archevêques, deux évêques, treize nobles et les *mayores* de cinquante villes et cités de Castille. La plus nombreuse assemblée de procuradores eut lieu à Burgos en 1315. Les villes y envoyèrent cent quatre-vingt-cinq députés, quatre-vingt-dix-huit villes y étaient représentées. L'admission des communes aux cortès d'Aragon est encore plus ancienne; elle date au moins de 1163. On voit par des actes authentiques que les états de cette année furent composés d'évêques, de ricoshombres, cavalleros et procuradores des cités et des villes. En 1283, les syndics des villes eurent séance aux cortès de la Catalogne.

Nous avons peu de choses à ajouter pour compléter le tableau qu'on vient de lire.

L'Espagne est (juin 1834) au berceau du régime constitutionnel, et encore toute froissée du despotisme brutal dont elle vient fort heureusement d'être affranchie. Les moines, les prêtres sont gorgés d'or (1). Les *grands* d'Espagne vendent les places. Les *corregidores*, les juges, les alcades et autres *escrivaños* (2) (écrivains), volent le peuple et protègent les voleurs de grands chemins, à charge par ceux-ci de leur donner au moins la moitié de leur butin. Les finances sont gaspillées; la plupart des nombreuses contributions, qui pèsent sur les habitans, n'entrent pas dans le trésor; elles sont détournées au profit de rusés courtisans (3).

La liberté individuelle, la liberté de la presse sont encore méconnues. Rendons justice cependant à la reine et à ses ministres; ils sont remplis des meilleures intentions et veulent déraciner peu à peu les abus. Espérons qu'aidés des cortès et de la garde nationale ils surmonteront les difficultés incroyables que leur susciteront et l'or et l'ambition des moines, et ces hommes cupides et tarés qui ne s'engraissent que de la misère des peuples. Espérons-le! Ou craignons que l'Espagnol, le fer et le feu à la main, ne se fasse une prompte et horrible justice!

(1) Les chanoines ont, terme moyen, 80 francs à dépenser par jour; les évêques ont 3 à 400,000 francs par an. L'archevêque de Tolède a plus de deux millions de revenu.

(2) C'est le nom que le peuple donne à tous les gens en place.

(3) Qu'on ne s'y méprenne point, ce sont des faits que nous rapportons, faits qui nous ont été attestés par des hommes honorables et que de plus nous avons retrouvés dans les journaux les plus modérés, la *Revista espanola* et l'*Echo del commercio*.

Continuons notre récit :

A neuf heures du matin, nous arrivâmes au premier village espagnol; là on visita nos passeports et nos malles. Nos yeux n'étaient pas assez grands pour voir tout ce qui excitait notre curiosité; ici un Catalan, avec un bonnet de laine rouge, une très-petite veste, un long et large pantalon, et pour chaussure des espadrilles; là un miquelet ou gendarme espagnol, dont la petite veste bleue avec paremens rouges a beaucoup de ressemblance avec celle du postillon français; mais lorsqu'il a le manteau bleu sur les épaules et sa carabine à la main, sa tournure est assez martiale et distinguée. Les maisons sont profondes, peu élevées et toutes blanches au dehors, afin d'avoir dans l'intérieur le plus de fraîcheur possible.

Nous vîmes quelques chevaux de paysans assez beaux, leur selle et surtout leurs larges étriers en bois à forme mauresque attirèrent notre attention.

A onze heures, nous étions à Figuières, où nous fîmes notre premier repas dans une *posada* (auberge). L'ail et la mauvaise huile sont l'assaisonnement obligé de la cuisine espagnole, aussi passe-t-elle à juste titre pour la plus détestable du monde.

Un peu avant d'arriver dans la ville, nous aperçûmes la citadelle, une des plus fortes de l'Espagne; ses casernes de cavalerie y sont, dit-on, admirables et peuvent contenir dix mille chevaux.

Nos malles furent visitées encore une fois; mais, moyennant quelques *reales*, cette visite fut de pure forme. La diligence de Perpignan s'arrête à Figuières; c'est une diligence espagnole (1) qui porte les voyageurs de cette ville à Barcelonne; elle est attelée de sept mules conduites par deux postillons qui font la plus grande partie de la route en courant à pied, ce sont de vrais Basques.

Toute la campagne que nous traversâmes est fort belle et d'une culture aussi variée que soignée, des vignes, des oliviers, des orangers en pleine terre, des grenadiers, des blés, de l'orge, etc.

Les villages sont généralement assez propres et les paysans paraissent dans l'aisance. Nous remarquâmes aussi dans les Pyrénées et principalement dans la partie espagnole, une grande quantité d'arbres (le chêne vert) dont on tire le liége, et qui sont une des sources de richesse du pays.

Nous fîmes notre entrée à Gironne, à sept heures du soir, et nous y restâmes à coucher. Cette ville est entourée de murailles, mais n'est point une place forte proprement dite. Ce qui frappa le plus nos yeux à notre arrivée, ce fut une foule de prêtres en manteau noir et au grand chapeau (costume de *Basile* dans *le Barbier de Séville*), puis une nuée de jeunes étudians tous affublés d'un long manteau noir, sale et quelquefois troué, et ridiculement coiffés d'un chapeau qui a un peu la forme d'un claque. Leurs figures maigres et jaunes faisaient ressortir encore mieux la large face des chanoines. Ils ont l'air fort ennuyé et je crains qu'ils ne soient plus ennuyeux encore. Les *urbanos* vinrent un peu nous distraire de ces êtres demi-fantômes; nous allâmes hors la

(1) Les diligences en Espagne sont absolument comme les nôtres, elles contiennent quinze personnes : trois dans le coupé, six dans l'intérieur et six dans la rotonde.

ville voir manœuvrer ces soldats citoyens, leur bonne tenue et le zèle qui les animait, nous firent le plus grand plaisir. Il y a dans le Catalan de l'énergie française et de la patience espagnole ; la liberté prendra racine dans ce pays !

A neuf heures nous nous mîmes à table et prîmes, en faisant la grimace, une très-petite part d'un souper à l'huile et à l'ail, regrettant le beefsteck parisien; on dit même qu'un de nous laissa échapper quelques murmures dont j'adoucirai l'expression en les traduisant par *chien de pays!*

Le lendemain, 2 mai, le fouet du postillon nous réveilla à deux heures du matin, et une demi-heure après, nous roulions sur la route de Barcelonne, emportés rapidement par sept mules au pied sûr et léger. Plus nous avançons, plus la campagne est jolie; bientôt nous apercevons la mer dont la vue cause toujours un nouveau plaisir. Nous nous arrêtâmes à Canet, charmant village sur le bord de la Méditerranée, et nous y fîmes un repas passable; nous mangeâmes de la soupe au poulet, du poulet bouilli, des sardines fraîches et du bœuf rôti. A une heure, nous remontâmes en voiture et nous cotoyâmes jusqu'à Barcelonne le bord de la mer; nous en étions quelquefois tellement près que l'on pouvait (ainsi que nous l'avait dit le sieur Fernando de Brunet), cracher de la voiture dans la mer. Peu s'en fallut même que nous ne fussions plus que près; car un cri perçant, cri de femme, c'est tout dire, nous apprit que nous avions, bêtes et gens, failli prendre un bain complet.

Voici Mataro, le plus joli village qu'on puisse s'imaginer : d'un côté de hautes montagnes que la nature semble avoir mises là, tout exprès pour protéger contre les vents du nord une jolie plaine plantée d'oliviers, d'orangers, de vignes enlaçant leurs branches autour des arbres qui les avoisinent ; puis de l'autre côté au midi, une mer azurée, sillonnée par quelques légers bâtimens à voile latine, et qui chaque soir rafraîchit d'un air pur et bienfaisant l'heureux habitant de Mataro.

Nous arrivâmes à quatre heures à Barcelonne, l'estomac un peu fatigué d'huile et d'ail ; mais enchantés de ce que nous avions vû, très-contens de nos compagnons de voyage et très reconnaissans des bons *cigarretos* que le sieur Fernando faisait avec beaucoup d'adresse et que nous fumâmes de compagnie dans la diligence.

SÉJOUR A BARCELONNE.

2 au 6 mai.

Cette ville est beaucoup plus belle, plus importante et surtout plus peuplée que nous ne nous l'étions imaginé. Elle compte cent cinquante mille habitans ; la population fourmille dans les rues, les promenades et les marchés comme à Paris.

Nous allâmes le premier jour au théâtre ; on représentait une comédie espagnole ; comme bien vous le pensez, nos oreilles étaient fort peu occupées, mais en revanche nos yeux l'étaient beaucoup ; aussi, comment ne pas voir d'un œil charmé cette jolie femme dont la mantille noire fait si bien valoir la beauté de son teint? Voyez ce front poli, ces yeux vifs et pleins d'expression, ce nez aquilin, cette bouche ravissante, qui ne semble faite que pour donner et recevoir des baisers, puis ad-

admirez sa jolie main, comme elle agite gracieusement l'éventail! Pouvions-nous désirer un plus délicieux spectacle?

Le lendemain, nous entrons dans plusieurs églises. elles ont un tout autre caractère que les nôtres; elles sont très-obscures et surchargées d'ornemens; ajoutez à cela la voix des moines, l'orgue, l'encens, tous les assistans agenouillés, et vous comprendrez le trouble de deux pauvres Français prenant gauchement de l'eau bénite, tremblant de commettre sans le vouloir quelque acte d'impiété et se sentant beaucoup plus à l'aise quand ils sont hors du saint lieu.

Nous sommes logés à la *fonda de las Cuatro Naciones*; notre balcon donne sur un boulevard vis-à-vis le théâtre; c'est là que les élégans viennent se promener; un peu plus loin est le marché où les habitans de la campagne viennent apporter fruits, légumes, etc. Nous voyons passer sous nos fenêtres *urbanos*, capucins, moines noirs, moines blancs, l'élégante dame en robe de soie noire, mantille idem; la marchande en robe d'indienne et mantille noire moins élégante, la grisette en mantille blanche, la femme du peuple un très-beau mouchoir sur la tête placé en forme de mantille, les hommes fashionnables habillés à la française, d'autres avec le manteau bleu ou brun selon leur rang dans la société (le bleu est de première classe). Les paysans avec leurs bonnets rouges, leurs larges pantalons de velours et le grand bâton à la main, voilà la population de Barcelonne.

Le dimanche, grande revue des *urbanos*, l'artillerie (1)

(1) L'armée espagnole est généralement organisée d'après le système français et plus particulièrement l'artillerie.

(quatre pièces de campagne attelées de 6 mules), défile au galop sur le boulevard, les volontaires d'Isabelle II (garde nationale à cheval), sont d'élégans lanciers fort bien montés. L'infanterie peut rivaliser avec les plus belles compagnies de la garde nationale parisienne.

Le soir nous fûmes entendre un opéra italien, *Domingo furioso*, il y avait une grande affluence de spectateurs; l'exécution fut parfaite.

La salle de spectacle est confortable, on y représente alternativement la comédie et l'opéra italien, c'est-à-dire trois jours la semaine opéra, et les autres jours comédie. Et, comme en France, peu de monde aux pièces de Lope de Vega, et foule à Rossini.

Pour nous conformer aux habitudes du pays, nous prenons le matin une petite tasse de chocolat; à deux heures dîner à table d'hôte bien servie; là se trouvent réunis Espagnols, Français et Anglais, et l'on parle alternativement le français et la langue du pays dans laquelle nous commençons à nous lancer: *Muchacho! chocolate por dos! Cigarros! Cafe!* etc. etc. (1)

Lundi nous avons été nous promener sur la mer pendant plus de deux heures; le marin qui nous conduisait était le plus brave et le plus sensé Catalan de tout Barcelonne. Il nous raconta en italien les malheurs passés de son pays, l'avenir qu'il lui souhaitait, sa haine pour *los frailes* (les moines), qu'il regarde comme les auteurs de tous les maux qui pèsent sur l'Espagne. Il nous conduisit à une montagne des flancs de laquelle on tire une pierre excellente pour les constructions de la ville et du port; de cette montagne pierreuse s'échappe une

(1) Garçon! chocolat pour deux, cigares, café, etc.

fontaine d'eau aussi limpide que bonne : de là, nous apercevions la mer presque tout autour de nous.

Le soir, nous eûmes une petite pluie d'orage et pour la première fois depuis notre départ de Paris, nous reçûmes quelques gouttes d'eau. Mardi, quatre heures du soir, on nous apporte nos passeports, nos places sont retenues pour Valence ; à sept heures du soir nous partons. En cas de mauvaise rencontre, la bourse des voleurs est toute prête.

DE BARCELONNE A VALENCE.

(60 lieues d'Espagne, 90 de France.)

Du 6 au 9 mai

Notre diligence, qui était en même temps *el correo* (le courrier), devait partir à sept heures du soir ; mais le gouverneur (le général Llauder) fit attendre ses dépêches jusqu'à neuf heures ; les portes de la ville étaient déjà fermées, on les fit ouvrir, et baisser le pont-levis.

Nous connaissions une grande partie de nos compagnons de voyage ; nous avions fait route avec quelques-uns depuis Perpignan, et dîné avec d'autres à table d'hôte. Les *facciosos* furent le sujet de la conversation, et comme la diligence où nous étions avait été arrêtée quelques jours avant, notre voyage avait une petite nuance de danger qui nous plaisait assez.

Notre voiture était royalement attelée de huit mules, un petit postillon conduisait les deux premières, le *mayoral* (conducteur) tenait les rennes, et le *zagal* (premier postillon) était tantôt assis à côté du conducteur, tantôt courant à côté des mules, les animant de ses cris entremêlés de force coups de fouet.

Nous avions les deux premières places du coupé, pour lesquelles nous avions payé chacun quatre-vingts francs ; là nous pouvions admirer facilement tout ce qui s'offrait de curieux. Vers minuit, nous nous vîmes entourés d'une troupe d'hommes armés dont le chef fit arrêter la voiture ; nous nous crûmes un moment au pouvoir des factieux ! mais non : c'était au contraire une compagnie de soldats qui veillaient pour notre sûreté.

A quelque distance de Barcelonne la campagne prend un aspect tout à fait sauvage : le terrain est sec, pierreux et sans culture ; nous fîmes plusieurs lieues sans voir une maison, un être vivant. A onze heures, nous arrivâmes à Tarragone, ville forte et célèbre par le siége qu'en fit l'armée française ; on voit encore les traces des boulets. La nature a rendu les abords de cette place très-difficiles.

Pendant notre déjeûner, de joyeux Catalans, avec une fille plus joyeuse encore, buvaient, chantaient, et dansaient le *fandango* dans l'auberge même où nous étions.

Un peu avant de remonter dans notre coupé, nous entrâmes dans un couvent et causâmes un moment avec un moine qui s'y trouvait déjà à l'époque du siége.

La route que nous parcourûmes dans cette journée n'offrait rien de bien remarquable ; toujours des montagnes à notre droite, la mer à notre gauche, et alternativement des champs incultes ou plus ou moins bien cultivés.

A dix heures du soir, nous arrivâmes sur les bords

de l'Èbro, que nous traversâmes dans un bac; ce fleuve, à cet endroit, est très-près de son embouchure et conséquemment assez large; cependant le passage n'offre aucun danger. A dix pas de l'endroit où nous avions quitté le bac se trouve l'auberge où s'arrêtent les voyageurs; heureusement nous étions nombreux, car la physionomie de l'hôtesse et de sa suite n'avait rien de rassurant. Le souper fut détestable, et nous couchâmes cinq dans une chambre.

Avant cinq heures, nous étions sur pied; nous prîmes le chocolat. *Quanto á pagar, señora? — Cuatro pesetas* (quatre francs). Nous payâmes, et partîmes enchantés de quitter cette *posada* du diable.

Trois *escopeteros* (1), armés jusqu'aux dents, prirent place sur l'impériale; notre diligence avait l'air d'un *blockaus* ambulant. A huit heures du matin, nous étions à Vinaros; là le costume est tout autre et ressemble beaucoup à celui des Valenciens dont nous parlerons bientôt. Une heure après, nous passâmes à Venicarlos, charmant village, bâti sur le bord de la mer. Son origine est toute nouvelle, elle remonte à Charles IV; il est probable, d'après la largeur des rues et la beauté des constructions, que ce prince voulait plutôt fonder une ville qu'un village.

Nous traversâmes ensuite Emposta, Alcala, Oropeza; nous éprouvâmes dans ces divers endroits une impression indéfinissable; nous étions tout à la fois au Caire,

(1) On appelle *escopeteros* des hommes qui escortent les diligences, les voyageurs, moyennant un certain prix; ce sont pour la plupart des hommes d'un courage éprouvé, des contrebandiers ou des voleurs amnistiés; ils tirent leur nom de leur arme, l'escopette (fusil).

en Grèce et à Alger : des hommes au teint cuivré, les jambes à moitié nues, un large caleçon de toile blanche s'arrêtant au-dessus du genou, et pour manteau un long morceau d'étoffe de laine rayée. Dans le milieu du jour ils le portent roulé sur l'épaule, les deux extrémités tombant presqu'à terre; ils ont les cheveux longs comme les Grecs, et sont coiffés les uns d'un bonnet rouge les autres d'un mouchoir (1). Les petits garçons ont un costume à peu près semblable, mais sans le manteau, ils ne le portent qu'à quinze ou seize ans, et dès qu'ils l'ont sur l'épaule ils prennent l'air fier et grave qui caractérise l'Espagnol. En arrivant à Castillon de la Plana, notre illusion fut complétée par la vue de deux palmiers; nous nous crûmes un moment plus près de Jérusalem que de Valence.

Nous rencontrâmes sur la route plusieurs compagnies d'infanterie et un détachement de dragons à la recherche des insurgés. Pendant la nuit, nous vîmes (autour de la diligence) une dizaine d'hommes armés d'un long fusil et habillés comme je l'ai dit plus haut, seulement le manteau développé et serré autour du corps. Leur physionomie était tout à fait bédouine; ils escortèrent la diligence pendant six lieues, toujours en courant : l'un d'eux, pendant qu'on changeait de mules, s'approcha de nous et nous dit d'un ton à ne pas être refusé : *N'oubliez pas votre vaillante escorte.*

(1) Ce mouchoir est le diminutif du turban que portaient les Maures qui, il y a trois cents ans à peine, occupaient cette partie de l'Espagne : il y a du mauresque non seulement dans leur costume, mais encore dans leur langue (ALMACEN, *Magasin*), dans leurs mœurs, leurs habitudes; ils montent à cheval en roulant plusieurs crins de la queue pour leur servir d'étrier.

Une querelle fut sur le point de s'élever entre nos dix *paysans bédouins* et nos trois premiers *escopeteros*; mais quelques piacettes distribuées à propos rétablirent la bonne harmonie.

Au point du jour la délicieuse odeur de fleurs d'oranger qui s'exhalait de toutes parts, des champs parfaitement cultivés (les blés avaient plus de cinq pieds de haut), des milliers de petits canaux portant partout leurs eaux bienfaisantes, des arbres vigoureux au feuillage d'un vert foncé et éclatant, en un mot la nature la plus belle qu'il soit possible de voir, nous apprirent que nous étions aux portes de Valence surnommée à juste titre le jardin de l'Espagne.

VALENCE.

Du 9 au 13 mai.

Un voyageur de commerce, Français, fort aimable, nous conduit à *la Fonda de las Cuatro Naciones* où nous sommes fort bien traités. A dix heures, nous prenons une petite tasse de chocolat et à deux heures nous dînons à notre hôtel avec trois autres Français très-bons vivans.

Valence est une ville à mille petites rues tortueuses où il est très-difficile à un étranger de se reconnaître; elles ne sont point pavées, et cependant assez propres; les principales sont la rue de Sarragosse et celle de la Mer; on y remarque la cathédrale, plusieurs belles tours et le jardin public où vont se promener les belles Valenciennes.

La ville est entourée de murailles, d'une architecture plus belle que redoutable.

Valence est, si l'on peut s'exprimer ainsi, la plus aimable ville de l'Espagne. Ses 60,000 habitans, hommes comme femmes, riches comme pauvres, ont tous l'air heureux; on y trouve mieux, et plus que partout ailleurs, tous les agrémens de la vie. Des voitures de place assez bonnes, de beaux cafés où l'on prend d'excellentes glaces, de belles promenades dont une, qui conduit à la mer, a presque une lieue de long, et des jardins délicieux.

Le maréchal Suchet y a résidé long-temps, et a laissé chez les Valenciens un souvenir qui honore sa mémoire.

Nous passâmes notre dimanche fort agréablement; jamais journée ne fut mieux remplie : à six heures du matin nous allâmes au nombre de neuf dans un jardin magnifique manger des fraises; c'est un des plaisirs favoris des Valenciens. Nous vîmes plusieurs sociétés de jeunes femmes et de cavaliers venir comme nous déjeûner dans ce jardin. De là, nous allâmes sur une assez belle place près la Glorietta (c'est le nom du jardin public), voir manœuvrer six cents hommes de la garde nationale qui, comme à Barcelonne, ne laisse rien à désirer. Rentrés à l'hôtel nous mîmes l'habit de cérémonie, et à deux heures et demie nous étions chez le consul français (M. Gauthier d'Arc), qui avait eu l'amabilité de nous inviter à dîner. Les convives se composaient du consul et de son chancelier, de deux officiers de marine anglaise (le capitaine et le lieutenant d'une corvette qui était en rade à Grao, petit port à une lieue de Valence), d'un brigadier général des armées de la reine, d'un capitaine de dragons, son aide-de-camp, et de nous. Le dîner était bon, les convives causeurs, et ce mélange d'Anglais, de Français, et d'Espagnols était assez curieux. Tout le monde parlait français fort heureusement pour nous; notre consul seul parlait également bien l'anglais, l'espagnol et le français; joignez à cela l'arabe et vous n'aurez encore qu'une faible idée de son savoir.

Nous quittâmes la table à cinq heures pour aller voir une procession de la Vierge qui venait de sortir de l'église. Grace à notre consul, nous prîmes place à un superbe balcon où se trouvaient déjà plusieurs dames fort élégamment mises. Nous vîmes défiler d'abord les corps de métiers, musique en tête et bannières déployées, puis trois à quatre cents moines de tous les ordres, de toutes les couleurs, trinitaires, carmes, capucins, franciscains, dominicains, ordre de Sainte-Thérèse, etc.; venait ensuite le clergé de quinze paroisses et enfin le chapitre de la cathédrale (les gros bonnets, qui ont, dit-on, 80 fr. à manger par jour), escortant une Vierge de grandeur naturelle, en argent, magnifiquement vêtue. A chaque croisée étaient suspendues de larges tentures, les unes blanches, le plus grand nombre en étoffe de soie couleur cramoisie; les balcons étaient garnis de jeunes femmes, qui la plupart jetaient des feuilles de roses sur la Vierge. Je ne pense pas qu'il y ait rien au monde de plus curieux. Ces belles et fraîches figures de Valenciennes contrastant avec ces lourdes et cadavéreuses têtes de moines; ces mantilles noires se détachant sur ces balcons drapés de rouge et de blanc. Je m'arrête, j'aurais trop à dire sur un pareil tableau!!

Le soir nous allâmes au théâtre entendre *la Straniera* de Bellini, l'exécution fut passable sans approcher cependant de notre Opéra italien.

Le jour précédent, à huit heures du soir, nous voyons la foule se presser aux portes de la cathédrale, nous entrons : tous nos sens sont frappés à la fois! l'église presque circulaire est tendue d'une étoffe de soie amaranthe, mille cierges brûlent sur l'autel et projettent des flots de lumière sur un clergé resplendissant d'or; de jeunes diacres balançent des encensoirs d'où s'échappent de légères colonnes bleuâtres qui répandent partout une odeur semblable aux parfums de l'Orient; puis pendant tout le temps de la cérémonie, soixante musiciens au moins placés dans une galerie élevée au-dessus de nos têtes, exécutaient des morceaux ravissans, tantôt seuls, tantôt accompagnant des voix d'hommes et d'enfans.

Un grand nombre de jolies femmes assistaient à cette cérémonie semi-religieuse, semi-théâtrale, et venaient compléter le spectacle le plus extraordinaire, le plus enivrant que nous eussions vu de toute notre vie.

En sortant nous vîmes toute la place illuminée, les cloches sonnaient à grandes volées : c'était la veille de l'Octave de l'Ascension.

Parmi les personnes qui nous accueillirent avec beaucoup de bonté, nous devons citer, après notre consul, un aide-de-camp d'un général espagnol; il eut pour nous toutes sortes de prévenances.

C'est un fort joli cavalier et très-spirituel; il nous raconta plusieurs traits et anecdotes tout-à-fait caractéristiques de la nation espagnole et particulièrement du royaume de Valence. Nous ne pouvons résister au désir d'en citer quelques-uns.

Un Castillan arrivé récemment à Séville admirait la tour de cette ville (la Giralda); un Andalou qui lui en expliquait les beautés lui dit : *Señor, aqui se kizo!* (monsieur, c'est ici que cette tour a été faite!)

Un *gitano* (bohémien), accusé d'avoir tué un homme, fut conduit devant le juge don Jose Ballejo, (corrégidor, nommé par le maréchal Suchet à Valence); interrogé sur son assassinat, il répondit: *Señor, yo no; estaba apolillado; no hiza mas que tocarlo, se me fué.* (monsieur, il était sans doute pourri, je ne fis que le toucher avec la pointe du poignard et il s'en fut) (1).

Le royaume de Valence doit principalement sa fertilité aux nombreux canaux d'irrigation qui sillonnent son sol. Chaque cultivateur tâche d'avoir le plus d'eau possible, et comme partout ailleurs empiète sur les droits, sur la propriété de son voisin. La querelle commence souvent par des coups de couteaux; puis vient un procès qui la termine, voici comment se jugent ces sortes de procès.

Tous les jeudis sur la place publique s'installe un tribunal composé de trois jurés (paysans cultivateurs), qui ont été désignés la veille seulement. Chaque paysan expose sa cause, le tribunal prononce et condamne le

(1) Le mot *fué*, en espagnol, rend, par sa prononciation surtout, l'image parfaite d'une mort rapide; c'est une lampe éteinte d'un souffle.

coupable à une amende de deux ou trois cents francs plus ou moins qui doit être payée séance tenante.

Ces tribunaux de moyen âge, cette manière prompte de rendre la justice, sont de beaucoup préférables pour ces sortes de délits à nos ruineuses et interminables formes judiciaires.

Le manteau chez les Espagnols sert à plus d'un usage; quand ils se battent à coups de couteaux, ce qui arrive fréquemment, ils roulent leur manteau autour du bras gauche et s'en servent comme d'un bouclier.

Il y a très-peu de duels en Espagne, même parmi les militaires; quand ils en veulent à quelqu'un, ils l'assassinent. Ils ne comprennent point qu'on aille se faire tuer par celui-là même qui nous a offensé.

Les Espagnols et particulièrement les Valenciens et les Andalous ont, tant au physique qu'au moral, mille traits de ressemblance avec les Orientaux; ce qu'ils doivent au long séjour des Arabes et aussi à la chaleur de leur climat.

Les Valenciennes passent pour être plus jolies que les Catalanes, elles sont mieux faites et ont le pied plus petit; mais leur teint annonce moins de santé. Leur costume est le même, mais plus soigné et de meilleur goût. Les souliers et la mantille sont pour elles ce que sont pour nos Françaises le cachemire et le chapeau. Au spectacle elles se mettent assez souvent à la française, coiffées en cheveux, les plus élégantes mettent des petits peignes en or des deux côtés du front. Les hommes sont généralement bien, et habillés comme nos fashionables.

Mardi à neuf heures du matin, nous sommes allés

faire une petite visite d'adieu à notre consul. Dans deux heures nous partirons pour Madrid.

DE VALENCE A MADRID.

(60 lieues, 90 de poste.)

Du 13 au 14 mai

A onze heures du matin, nous montâmes en diligence; nous occupions deux places d'intérieur, pour lesquelles nous payâmes chacun cent francs. Ce fut avec regret que nous quittâmes Valence, ses beaux citronniers, et ses orangers chargés de fleurs et de fruits.

Nous fîmes les quatre premières lieues à travers une campagne extrêmement riche, et couverte d'arbres à fruit et de mûriers. Tout-à-coup nous ne vîmes plus, autour de nous, que des terrains immenses remplis d'eau; ici on labourait, là on plantait, ou plutôt (en terme de jardinage) on repiquait le riz; et laboureurs et planteurs étaient dans l'eau jusqu'à mi-jambes. Pendant plus de deux lieues nous n'aperçûmes que cette culture, culture très-productive, mais qui rend le pays malsain.

Le premier jour, nous nous arrêtâmes, à neuf lieues de Valence, dans une auberge isolée, au milieu des montagnes, tout à fait à la merci des brigands; mais les portes furent barricadées, nos *escopeteros* bien armés, et tous nos voyageurs déterminés à soutenir un siége. Nous reposâmes néanmoins quelques heures fort tranquillement; et le lendemain, avant le jour, dix mules attelées à notre diligence nous annoncèrent que nous allions cheminer au milieu des montagnes. Nous fîmes, ce jour-là, vingt-trois lieues et nous couchâmes à Albacete, ville assez maussade, hôtesse plus maussade encore; et pour complément de bonne fortune, notre lit se composait d'un matelas rembourré de paille de maïs; aussi l'un de nous aurait payé bien cher quelques heures d'un doux repos dans le lit conjugal.

Le lendemain, journée aussi triste, un terrain presque nu, plat et sans culture, à peine si la cinquième partie des terres est ensemencée; cela tient, je crois, au peu de population, à la concentration des propriétés, au défaut de routes et de canaux, à la mauvaise qualité de la terre, et enfin à la sécheresse du climat.

Heureusement que nos compagnons de voyage vinrent rompre la monotonie du chemin; l'un d'eux surtout, ancien aide-de-camp de Mina et actuellement commandant de la garde nationale à cheval de Barcelonne, nous intéressa beaucoup par le récit de mille épisodes de sa vie militaire et de ses voyages en France et en Angleterre. Il est peu d'hommes dont la vie ait été aussi dramatiquement accidentée. On en pourra juger par ce qui suit :

Après le rétablissement de Ferdinand, en 1823, il fut obligé de se réfugier avec d'autres proscrits en Angleterre; à peine débarqué, il est reconnu par un lord, ancien colonel anglais, qui, dans l'année 1813, ayant été blessé grièvement en Catalogne, avait été recueilli dans la maison de son père et avait reçu de toute la famille les soins les plus empressés. Le lord ne laissa pas échapper l'occasion de prouver sa reconnaissance; il exigea que notre Espagnol vînt demeurer chez lui. Le colonel était père de deux charmantes demoiselles, l'aînée ne put voir sans intérêt un jeune proscrit de vingt-deux ans; celui-ci s'aperçut bientôt qu'il était aimé, et son cœur n'était que trop disposé à une douce sympathie; mais persuadé que son hôte était trop fier de son nom et de ses richesses pour lui donner la main de sa fille, il fit tous ses efforts pour résister à sa passion.

Au bout de quelque temps, craignant de succomber, et de violer ainsi les lois sacrées de l'hospitalité, il s'ouvrit franchement au père et quitta la maison.

La jeune personne fut conduite à la campagne; mais l'amour dans le cœur d'une Anglaise s'éteint rarement! sa santé s'altéra au point de donner de vives inquiétudes au père. Celui-ci consentit alors au mariage, et le jeune homme fut rappelé; on avait trop attendu, depuis trois mois la maladie avait fait de rapides progrès!... Je veux mourir heureuse, disait cette amante infortunée; je veux mourir son épouse! L'hymen fut donc célébré. Quinze jours après elle n'était plus!

Malgré la teinte romanesque de cet épisode, nous sommes convaincus de sa réalité; le ton, les manières, la position sociale du héros de ce petit roman, ne nous ont pas permis le plus léger doute; un de ses amis nous apprit qu'il renonça aux 200,000 francs que lui assurait son contrat de mariage. Quelques jours après, nous le vîmes à Madrid, en grand uniforme de chef d'escadron, aller à Aranjuez, porter un message du général Llauder à la reine.

Craignant, pendant le trajet de Valence à Madrid, de tomber entre les mains des factieux, il avait coupé ses moustaches et pris un passeport sous un nom supposé. Néanmoins il redoutait fort la bande de Carnicer; si nous sommes pris par ce chef, nous disait-il, nous serons fusillés; il vengera sur nous la mort de cinq cents des siens tués ou noyés dans les environs de Tortose, il y a quinze jours environ.

Revenons à notre récit.

Nous étions dans la Manche, pâtrie de Cervantes, et de Sancho son fidèle écuyer; chaque pas dans cette province nous rappelait une des nombreuses aventures du modèle de la chevalerie errante; ici des moulins à vent, des troupeaux de moutons; là des muletiers, des Maritornes, partout des quadrupèdes à longues oreilles, dont la physionomie toute particulière nous faisait mieux comprendre l'attachement de Sancho pour son grison; mais nulle part nous ne vîmes de Dulcinées! probablement quelque malin enchanteur les tient encore sous sa magique puissance!

Nous nous arrêtâmes, pour dîner, à une *posada*, à la porte de laquelle était suspendue une énorme chaîne de fer. On nous apprit que c'était pour indiquer que le roi y était descendu, et qu'à l'honneur d'avoir logé Sa Majesté, l'aubergiste joignait l'avantage beaucoup plus positif de ne point payer de contributions.

Le temps est froid; les habitans n'ont plus cette physionomie des Valenciens qui nous plaisait tant; ils ressemblent un peu à nos Auvergnats.

Dans la plupart des maisons le foyer est au milieu de la chambre, une pierre ronde au milieu du sol en fait tous les frais; vingt à vingt-cinq personnes peuvent s'y chauffer à l'aise; l'endroit par où s'échappe la fumée a la forme d'un clocher.

A six heures du soir, nous arrivâmes à Quintannar del Orden, où nous fûmes très-bien et passâmes une soirée charmante.

Au nombre des voyageurs, se trouvait l'Espagnol Huerta, le premier des guitaristes; il eut l'obligeance de nous jouer divers morceaux qui ravirent tout l'auditoire; notre hôte, fort amateur de musique et passionné pour la guitare, comme le sont tous les Espagnols, avait prévenu les *dilettanti* du village, qui arrivèrent à petit bruit, le manteau noir sur les épaules et le chapeau pointu sur la tête.

L'hôte enchanté fait circuler le vin vieux d'Alicante. Nous voyez-vous assis à une table très-bien servie, couverte de fleurs, de fruits, du meilleur vin d'Espagne dans nos verres, une cigarette à la bouche, et l'oreille charmée par les plus beaux airs de la *Semiramide?* Les têtes se montent; un des premiers du village se met au piano (car notre hôte avait un piano), et entonne avec plusieurs autres la chanson patriotique de *Viva Christina!* Il était près de minuit quand nous nous sommes couchés; et le lendemain, avant trois heures, nous étions en voiture.

Il ne nous restait plus que dix-neuf lieues à faire. A huit heures, nous changeâmes de mules à Ocaña, ville aux portes de laquelle l'armée française livra bataille aux Espagnols et leur prit 30,000 hommes. A midi, nous étions à Aranjuez, une des principales résidences royales; la reine, la cour, les ministres et les ambassadeurs s'y trouvaient dans ce moment. Nous y avons remarqué la garde royale et les gardes du corps qui ressemblent beaucoup à l'ancienne garde royale de Charles X.

Tout ce que nous avons pu voir, comme palais, jardins, parcs, etc., nous a paru fort beau, et nous avons bien regretté de ne pouvoir disposer d'un jour pour examiner plus complètement la ville et le château.

Le Tage, dans son enfance, coule aux pieds du château; c'est probablement à lui qu'on doit ces belles allées de sycomores, ces jardins embaumés, ce parc, dont l'épais et vert feuillage contraste si heureusement avec la route aride et monotone qui conduit de Valence à Madrid.

Deux lieues avant d'arriver à la capitale, on aperçoit à droite, sur un petit monticule, un couvent bâti exactement sur le point central de l'Espagne; ainsi, comme on le voit, Madrid est bien au centre de la Péninsule.

A six heures du soir, nous entrâmes par la porte de Tolède; et après les ennuyeuses formalités de passeport et de douane, nous nous installâmes à *La Fonda della Fontana de Oro, calle San-Geronimo.*

MADRID.

Du 16 au 20 mai.

Cette capitale renferme deux cent mille habitans, elle est située sur une hauteur, au milieu d'une vaste plaine presque nue; on aperçoit, à six lieues environ, la *Guadamara* (hautes montagnes presque toujours couvertes de neige); c'est à ce voisinage qu'il faut attribuer la fraîcheur souvent fatale des soirées et des nuits à Madrid.

La ville est bien bâtie; les rues sont droites et quelques-unes fort belles, telles que la *Calle d'Alcala* et la *Calle Mayor;* les maisons sont élégantes et presque toutes d'une architecture semblable; elles ont la plupart deux ou trois étages (quelques-unes en ont quatre); elles sont peintes en dehors comme le sont les appartemens en France: fonds lilas ou rose tendre, et moulures ou encadremens des fenêtres en jaune paille; puis, dans les quartiers les plus riches, des jalousies vertes; de tout cet ensemble, il résulte un fort joli coup-d'œil. Comme dans toutes les villes d'Espagne, des balcons, des grilles au rez-de-chaussée, quelquefois même au premier (pays de voleurs et de jaloux!); le pavage des rues est détestable; la ville est assez bien éclairée par des lanternes placées de chaque côté de la rue, à vingt pas de distance.

Madrid n'a ni la physionomie, ni le mouvement d'une capitale; peu de voitures, peu de commerce, de petits magasins, comme dans la rue St.-Jacques, à Paris; les mieux disposés sont ceux des marchands de soieries, de mantilles, de comestibles, des confiseurs, des chapeliers, des tailleurs, des cordonniers; les librairies ressemblent à celles du passage des Grès.

El Palazo Real (le palais royal) est extrêmement beau; le Louvre seul, de tous les palais que je connais, lui est supérieur.

Les églises, généralement petites, ne sont nullement curieuses.

La beauté de Madrid consiste en ses fontaines et ses promenades; parmi celles-ci, le *Prado* occupe le premier rang: il tient à la fois des Tuileries et des Champs-Élysées de Paris; le dimanche on y voit une foule de promeneurs à pied et en voiture, mais le soir seulement; car en Espagne, comme en Italie, le beau sexe craint le soleil. La toilette des dames ressemble à celle des Valenciennes, toujours l'élégante mantille. Les femmes sont beaucoup moins bien qu'à Valence; il y en a de jolies cependant; et au combat de taureaux nous avons vu peut-être la plus jolie femme de l'Espagne.

Les autres promenades sont *el Retiro* et *las Delicias*.

Au centre de cette ville est une place appelée la *Puerta del sol*: c'est le rendez-vous des oisifs de la capitale; toute la journée on voit des groupes d'hommes couverts de leur manteau, causant et fumant: à quelque distance on les prendrait pour des statues, on ne les voit jamais remuer ni bras ni jambes.

Un des motifs qui nous avaient le plus engagés à pousser

jusqu'à Madrid, était le combat de taureaux (*la corrida de toros*); le temps pluvieux nous faisait craindre que ce spectacle ne fût remis au lundi suivant (il n'a lieu que tous les lundi); mais le ciel nous fut propice, et à quatre heures et demie nous suivîmes une foule immense qui s'y rendait.

COMBAT DE TAUREAUX.

L'arène est circulaire, et grande à peu près comme la place Dauphine; tout autour s'élèvent en amphithéâtre plusieurs galeries qui furent promptement remplies par plus de dix mille spectateurs de tous les rangs, de tous les sexes; deux grandes loges, élégamment drapées et placées vis-à-vis l'une de l'autre, sont pratiquées dans ces galeries; c'est là que viennent se placer les grands personnages qui président ou assistent à la *corrida*.

Il y a deux classes de combattans : les premiers sont les *picadores*, hommes robustes, qui, armés d'une lance, combattent à cheval; leurs vêtemens sont de peau de buffle, doublés de lames de fer, pour les préserver autant que possible des atteintes des taureaux; leur visage est à découvert. Les seconds sont appelés *espadas*; ils combattent à pied, et terminent le combat en enfonçant leur épée entre le cou et la tête du taureau. Les plus renommés sont Andalous; leur costume est fort élégant : veste de velours, verte, blanche ou noire, brodée en argent; culotte de casimir blanc; bas de soie couleur de chair; une résille contient leurs longs cheveux; leur taille est aussi élégante que leur costume.

Au combat du 19 mai figuraient trois *espadas*, et chacun avait pour l'accompagner sept à huit *banderilleros*, habillés absolument de même, et dont la mission est d'exciter le taureau avec de petits manteaux rouges ou bleus; puis ensuite de lui planter sur le cou des banderillos (espèces de flèches), qui redoublent la fureur de la malheureuse victime. Souvent ces banderillos contiennent de l'artifice; à peine piqués sur le cou du pauvre animal, la fusée part et fait entendre deux ou trois détonnations assez fortes. Ceci a lieu ordinairement quand le taureau manque de courage, alors les spectateurs crient : *Fuego ! fuego !* (le feu).

Nous étions étourdis des clameurs qui partaient de tous les côtés de l'enceinte; tantôt on insultait les combattans ou le taureau, tantôt mille bravos célébraient le courage du premier ou l'adresse des tauréadors. Ce n'était pas seulement la populace, les bourgeois de Madrid criaient comme les autres.

Nous avons vu mettre à mort six de ces terribles animaux; ils venaient de la Navarre et de l'Andalousie; ce sont les plus furieux. Sept ou huit chevaux furent mis hors de combat, quatre tués sur la place et les autres blessés; les deux combattans ou cheval ont été renversés plusieurs fois, et nous ne savons comment ils ont pu se relever; ces hommes sont d'une force et d'une adresse étonnantes : d'un coup de lance ils arrêtent le taureau au moment où celui-ci s'élance sur eux; mais quand ils manquent leur coup, le taureau a bien vite renversé et l'homme et le cheval; le premier se relève boitant, et l'autre inonde l'arène de son sang! Nous nous sentions la poitrine oppressée; eh! bien, autour de nous, des femmes, jeunes, jolies, à l'air presque sentimental, ne laissaient paraître d'autre émotion que celle du plaisir!

Lorsque les banderilleros sont poursuivis de trop près, ils courent se réfugier derrière une palissade haute de six pieds qui forme la première enceinte. Nous vîmes un taureau franchir cette barrière presque en même temps que l'homme qu'il poursuivait, et tous les deux tomber au milieu des spectateurs!

Nous gémissions déjà sur le sort des malheureux qui devaient inévitablement être ou écrasés ou éventrés. Pas du tout! Il ne se trouve dans cette première enceinte que des amateurs coutumiers du fait. Ils ont l'œil vif et le pied léger, d'un seul bond ils sont dans l'arène et prennent la place du taureau aussi vite que celui-ci a pris la leur. Le pauvre animal, très-mal à l'aise dans la galerie, ne demande pas mieux que de profiter des issues qui lui sont ménagées pour reparaître dans l'arène, les spectateurs reprennent leurs places aussi vivement qu'ils les avaient abandonnées, et le combat continue.

Lorsque le taureau a été mortellement blessé par le tauréador, ses jambes fléchissent et il tombe sur les genoux, alors un banderillero lui enfonce un poignard dans la tête et il expire à l'instant même. Tout aussitôt trois belles mules, richement caparaçonnées, arrivent dans l'arène qui retentit du bruit de leurs sonnettes, et bientôt après elles partent au galop, traînant dans la poussière le malheureux animal dont tout à l'heure encore l'œil plein de feu et les cornes menaçantes avaient excité les bravos de l'assemblée.

Nous avons admiré l'agilité, le sang-froid, l'adresse et le courage du fameux Montes, le premier *espada* ou *toreador* de toute l'Espagne.

Un grand d'Espagne, cousin de la reine, présidait la corrida; il y avait aussi un bataillon et la musique d'un régiment de la garde royale.

Nous allâmes au théâtre *del Principe* (du Prince), entendre *Anna Bolena;* nous fûmes très-contens de l'exécution; la sœur de notre belle Grisi remplissait le premier rôle; sa voix est délicieuse, aussi est-elle fort goûtée à Madrid.

La salle du spectacle est plus que médiocre et tout-à-fait indigne d'une capitale. On en construit une nouvelle, en face le palais royal, qui sera magnifique; seulement nous trouvons que l'emplacement est on ne peut plus mal choisi. Cet édifice masquera totalement le palais.

Il y a très-peu de voitures publiques et encore sont-elles détestables.

Le mauvais temps nous a empêchés de visiter le musée qui, dit-on, renferme de bons tableaux.

DE MADRID A CORDOUE

Du 11 au [illegible] mai.

Notre étoile pâlit! le temps devient épouvantable, et pour surcroît d'ennui nous sommes obligés de courir toute la journée pour nos passeports. L'heure du départ était fixée pour minuit, et à quatre heures du matin nous étions encore à battre le pavé de la cour de l'hôtel des postes. Enfin nous voilà partis tous les deux dans l'intérieur de la malle-poste (même modèle qu'en France) le courrier dans le cabriolet sur le devant, le *mayoral* et le postillon sur le siège, conduisant alternativement cinq belles mules.

Nous repassons à Aranjuez, que nous regardons encore de tous nos yeux, puis nous rentrons dans la malheureuse province de la Manche où les habitans sont si pauvres, les villages à demi ruinés, les champs déserts et presque sans culture; c'est la partie de l'Espagne qui a le plus souffert pendant la guerre de l'indépendance, et son sol ingrat joint à son peu de population, rendront visibles long-temps encore les traces de cette guerre d'extermination.

Nous arrivâmes à onze heures du soir à Manzanarès; là, un paysan nous conduisit à sa *casa* (maison) place *de Toros;* car toutes les villes d'Espagne ont leur *corrida de toros*, et sa femme et sa fille nous improvisèrent un souper assez bon, en moins d'une demi-heure; le coq que nous mangeâmes chantait encore à notre arrivée.

Personne n'entendait le français, mais tant bien que mal nous engageâmes la conversation, et comme nous étions près de la Sierra Morena, vous vous doutez bien qu'il fut question de voleurs; trois escopeteros nous offrirent leurs services, jusqu'à la prochaine poste, moyennant un douro (5 fr.); nous acceptâmes, et remontés en voiture nous nous y endormîmes fort tranquillement.

Au point du jour nous entrâmes dans la Sierra Morena où nous passâmes une grande partie de la journée à monter et à descendre. Nous vîmes sur la route un grand nombre de voitures attelées de deux bœufs et chargées de plomb (1) puis des paysans armés d'escopettes (fusils), conduisant des convois d'ânes et de mulets chargés de marchandises : on assure que quand ils sont attaqués par des brigands, ils forment un carré de leur convoi, et de là soutiennent la fusillade.

Les montagnes de la Sierra Morena offrent le même aspect que les Pyrénées, seulement nous nous rendîmes mieux compte de l'intérieur de ces montagnes, soit à cause de leur configuration, ou (ce qui me semble plus probable), soit parce que la route est tracée dans une partie de terrain qui permet plus à l'œil de s'étendre. Des plantes aromatiques y croissent en abondance.

A trois heures nous étions à la Caroline, sur le versant de la Sierra Morena du côté de l'Andalousie; tous les voyageurs remarquent avec surprise le changemen soudain qui s'opère dans le sol et l'atmosphère; deux heures auparavant, nous avions trouvé des champs de blé encore verts! ici nous voyons des moissonneurs scier du blé d'un jaune doré! Nous avions presque froid! maintenant nous avons trop chaud! et nous laissons enfin derrière nous ces vilains nuages noirs qui semblaient nous poursuivre depuis Madrid.

Nous vîmes encore à la Caroline une résidence royale,

(1) Il y a en Espagne un grand nombre de mines de plomb; il y en a aussi d'argent, de cuivre, de zinc, de sel, etc.; mais la plupart restent sans exploitation. On dit que le gouvernement ne les encourage pas, de peur de retirer des bras à l'agriculture.

de belles allées d'arbres l'indiquent aux étrangers; on croirait que les rois d'Espagne se sont réservés le privilège des arbres, on n'en voit presque que dans leur résidence. Deux heures après, nous étions à Baylen si tristement célèbre par le premier échec éprouvé par l'armée française, échec qui, au dire même des Espagnols, ne doit être attribué qu'à la trahison.

Nous entrâmes à Andujar, un peu avant la fin du jour, et nous nous y arrêtâmes trois heures; cette ville est propre et assez jolie, elle contient 9 à 10,000 habitans. C'est là, comme on le sait, que le duc d'Angoulême, en 1823, publia ce fameux décret appelé décret d'Andujar. A dix heures du soir nous remontâmes en voiture et la nuit se passa très-bien. Au point du jour nous rencontrâmes la malle-poste qui allait à Madrid; le mayoral dit quelques mots au nôtre, parmi lesquels j'entendis *camino malo* (mauvais chemin) *hombres, caballos* (hommes, chevaux), j'en tirai un moment l'induction que la route n'était pas sûre, mais bientôt je vis aller et venir sur le chemin des paysans, des femmes, des enfans, ce qui nous rassura complètement; aussi mon compagnon de voyage de me dire: « Mon cher, c'est « un charmant pays que l'Espagne! il n'y a pas plus de « voleurs qu'en France! » Puis il se met à bâiller et s'endort, j'en fais bientôt autant, et nous voilà rêvant Andalouses!

Vers six heures du matin, je crois sentir que la voiture ne va plus, je me frotte les yeux! que vois-je! des hommes, des chevaux, des fusils, des poignards, enfin une troupe de brigands, au nombre de neuf; j'éveille mon compagnon, et lui dis: « Nous y voilà! » A l'instant même on ouvre violemment la portière, et le chef nous crie *abajo* (à bas), je descends avec assurance et vois partir sans pâlir ni trembler et ma bourse et ma montre ; on veut me prendre mon anneau, je supplie qu'on me le laisse, et le chef sans hésiter souscrit à ma demande. On procéda de la même manière pour l'ami F. qui fit également bonne contenance ; seulement il fut moins heureux que moi pour son anneau, les voleurs lui rirent au nez quand il parla d'épouse et de *matrimonio* (trait de caractère espagnol). Le tour de nos malles et de nos sacs de nuit vint ensuite ; les *ladrones* en firent deux lots, un pour eux, un pour nous : je vous laisse à penser quel fut le meilleur. (Notre perte se monte pour chacun à 250 fr. d'argent et à près de 400 fr. d'effets.) Je vois encore le plus grand coquin de la troupe essayer mon habit vert, qui ce jour-là me parut superbe, et le plus jeune faire des armes avec ma canne à épée ; peu s'en fallut qu'il n'éprouvât sur ma peau si la lame était bonne. Le moment le plus critique pour moi fut la découverte de mon pistolet, mais à l'aide de mon sang-froid je m'en tirai (1).

Avant de partager notre butin ils nous firent éloigner d'une vingtaine de pas et de minute en minute le nombre de leurs victimes augmentait ; car tous ceux qui passaient sur le chemin étaient dévalisés et emmenés dans un petit fond à quarante pas environ de la route : la meilleure capture après nous fut celle d'un maître de poste dont ils prirent le cheval.

(1) La vue de ce pistolet excita quelques clameurs parmi la bande ; j'avançai alors vers le chef et l'assurai que l'arme n'était pas chargée, mais seulement amorcée ; pour le lui prouver, je repris le pistolet qu'il me confia, l'armai et fis partir la capsule.

Trois des leurs faisaient sentinelle et vinrent bientôt avertir qu'il fallait décamper, ils montèrent à cheval et s'en allèrent au pas et en très-bon ordre; cinq minutes après une dizaine de militaires arrivèrent hors d'haleine! mais les voleurs avaient disparu. Nous sommes encore à nous rendre compte du peu de frayeur que nous avons eu; de tous les sentimens que nous éprouvâmes pendant cette demi-heure, le plus dominant fut la curiosité: figurez-vous neuf grands gaillards de vingt-cinq à trente ans, magnifiquement vêtus, bien rasés, bien peignés, des yeux noirs remplis d'expression, un long fusil à la main et un poignard dans la ceinture; voici le costume du capitaine:

Veste de velours bleu foncé, boutons et petites aiguillettes en argent;

Gilet rouge;

Culotte courte, bleu foncé, avec bandes d'un bleu clair;

Ceinture d'un bleu clair où brillait le manche en argent d'un poignard;

Guêtres de peau dessinant bien la jambe;

Chapeau pointu en feutre avec des ornemens en velours noir;

Une belle chemise à jabot sur laquelle on apercevait un médaillon en or, renfermant une jolie peinture (la figure du Christ);

Les huit autres étaient presque aussi bien mis.

Les chevaux étaient dignes des cavaliers, belle selle à laquelle étaient suspendus un second fusil et un grand manteau brun.

Le chef s'appelle, dit-on, Cambriles; c'est un ancien

lieutenant du fameux José Maria, tué il y a deux mois par ce même Cambriles.

Un incident vint ajouter au drame de cette scène : un mendiant d'environ cinquante ans, que par précaution seulement les voleurs avaient arrêté, nous salua, en s'approchant de nous, d'un : *Que Dieu vous garde et vous protège toujours !* et nous demanda l'aumône. Il paraissait entièrement occupé du soin d'emplir sa besace et de recueillir quelques monnaies, et ne portait aucune attention à ce qui se passait autour de lui ; tant étaient grandes et l'habitude qu'il avait de pareilles rencontres, et son indifférence pour ce qui ne blessait que les intérêts d'autrui.

Pour des amateurs d'émotions nous ne pouvions pas mieux tomber ; nous ne regretterions même pas cette scène si elle nous avait coûté un peu moins cher ; d'un autre côté, quand les voyageurs ont peu de choses, ils sont accablés de coups, ce qui est mille fois pis encore.

J'avais heureusement caché dans ma botte une traite de mille francs sur Cadix, ce qui aida un peu à nous consoler de notre mésaventure.

CORDOUE.

22 et 23 mai.

Nous arrivâmes à Cordoue à huit heures du matin sans un seul sou dans nos poches et ne sachant pas trop comment nous tirer d'affaire : il n'y a point de consul français dans cette ville.

Nous descendîmes à la fonda de Saint-Raphaël ; le maître heureusement parlait français. Sur le récit de notre aventure, il envoya chez un banquier qui, très-obligeamment, vint tout de suite et nous tira d'embarras ; il nous remit 300 fr. et un bon pour le surplus sur son correspondant de Cadix.

Après nous être reposés et restaurés, nous allâmes visiter la fameuse cathédrale de Cordoue, construite par les Maures. L'intérieur de ce bâtiment est tellement extraordinaire, que nous oubliâmes un instant nos *ladrones ;* on y compte trois cent soixante-cinq colonnes, autant que de jours dans l'année, toutes en marbre, et d'architecture et de couleurs variées (blanches, noires, unies, cannelées, etc.) ; c'est une forêt de colonnes : il nous semblait, à chaque instant, voir apparaître ces terribles Maures, enveloppés de leurs longs manteaux blancs, venant invoquer le dieu de Mahomet.

On nous fit remarquer la *capilla* (petite chapelle) de Mahomet, avec tous les ornemens existant du temps des Arabes ; nous admirâmes, tout près de cette chapelle, une porte cintrée avec découpures arabesques du meilleur goût.

Nous vîmes aussi près d'une colonne un entourage en fer de trois pieds carrés, dans lequel, dit-on, mais j'en doute fort, les Arabes tinrent long-temps enchaîné un chevalier chrétien qui, pour se consoler de ses souffrances et tout à la fois se venger de ses oppresseurs, eut l'adresse et l'énergique patience de graver avec ses ongles sur la colonne de marbre, près de laquelle il était enchaîné, un Christ sur la croix. Nous vîmes effectivement le Christ et, tout auprès, une petite peinture représentant un prisonnier à genoux ; au-dessus est une inscription latine chargée de faire passer à la postérité ce trait d'héroïsme chrétien.

Pendant notre promenade dans ces nombreuses allées de colonnes, nous rencontrâmes trois de nos compagnons d'infortune, un paysan et ses deux enfans de neuf à dix ans: on avait pris au père son argent, et en attendant qu'il eût trouvé de l'ouvrage, ils étaient sans pain; nous leur donnâmes 2 fr. et nous éprouvâmes un moment de douleur en songeant que notre position ne nous permettait pas de réparer leur perte tout entière.

Cordoue a une physionomie toute particulière, physionomie qui tient plus de l'Afrique que de l'Europe. 50,000 habitans, la plupart pauvres et d'autant plus fiers, et tous généralement tristes et silencieux, vivent dans cette cité paresseuse où le bruit des travailleurs se fait rarement entendre.

L'évêque distribue chaque jour neuf mille quarterons de pain à autant d'individus, et comme la distribution a lieu un jour pour les hommes, un jour pour les femmes; on peut évaluer le nombre des pauvres à dix-huit mille; il est vrai que les campagnes environnantes en fournissent beaucoup et que la récolte cette année a été très-mauvaise.

Du haut de la tour où nous sommes montés, guidés par un brave Irlandais, parlant français (ancien cuisinier du général d'Erlon), nous jouîmes tout à notre aise du beau panorama que présentent Cordoue et ses environs, arrosés par le Guadalquivir.

Nos yeux se promenaient sur la plus riche campagne de l'Espagne; et nous réfléchissions sur la bizarrerie des destinées humaines; être volés le jour, dans le pays le plus riche et le plus peuplé, et avoir passé la nuit, sans danger, au milieu de populations ruinées et affamées. Décidément les Andalous ont beaucoup de sang arabe dans les veines.

Les rues de Cordoue sont extrêmement étroites, les maisons petites, blanches à l'extérieur et d'une construction carrée de manière à laisser pénétrer le soleil le moins possible.

Notre cicerone nous conduisit sur une grande place avec portique, dont la physionomie marchande a quelques rapports avec celle des Piliers de la Halle, à Paris. Là se tiennent les marchands de comestibles pour le menu peuple; de nombreuses poêles à frire reçoivent tour à tour viandes, poissons et légumes, et répandent dans l'air une vapeur à vous briser la gorge. C'est là cependant que se réunissent les citoyens de Cordoue qui, vers le soir, viennent disserter sur les nouvelles du jour; il faut les voir par groupes de cinq ou six, debout, immobiles, le manteau brun sur l'épaule, le chapeau pointu sur la tête, fumant la cigarette, et parlant tour à tour avec une gravité, une uniformité de sons, qui contrastent bien avec les bruyantes causeries françaises.

Le lendemain 24, nous prîmes modestement deux places de rotonde pour Séville, et nous allâmes près du beau pont qui traverse le Guadalquivir, attendre le passage de la diligence. Notre Irlandais nous fit entrer dans un bureau de santé, établi à cause du choléra qui régnait dans un bourg à huit lieues de Cordoue; plusieurs prêtres qui s'y trouvaient nous reçurent très-poliment; mais, j'en suis sûr, ils riaient sous cape de voir deux *negros* (1) (libéraux) volés. Leur face épanouie, leur

(1) C'est ainsi qu'un d'eux nous désigna tout bas à son collègue.

ventre arrondi, leurs habits d'étoffes fines et moelleuses faisaient un singulier contraste avec les figures amaigries et le manteau troué de la plupart des habitans. Nous remarquâmes, plus que partout ailleurs, l'air puissant et dominateur du clergé; aussi, par une conséquence toute naturelle, la ville passe-t-elle pour avoir une teinte très-prononcée de *carlisme* (parti de don Carlos).

Le chef du bureau eut l'obligeance de certifier sur nos passeports que nous avions été volés, afin de diminuer pour nous, autant que possible, les dangers d'une seconde rencontre de brigands; car nous n'étions pas au bout de nos peines: les bons prêtres nous avaient charitablement avertis que cent *ladrones*, au moins, couraient la campagne entre Cordoue et Séville; et ne pouvant ni ne voulant plus rien leur donner, nous devions craindre d'être maltraités: volés, passe; mais battus, c'eût été trop fort!

ROUTE DE CORDOUE A SÉVILLE.

(22 lieues d'Espagne, 33 de France.)

Du 24 au 25 mai.

Nous partîmes à midi; notre diligence était escortée par quatre escopeteros: deux sur l'impériale, et deux à cheval; mais que pouvaient faire quatre hommes contre des bandes de quinze à vingt brigands, comme il en existait?

A peine avions-nous fait deux lieues, que nous rencontrâmes un homme à cheval, envoyé à la découverte; il nous dit avoir vu, à six lieues de l'endroit où nous étions, une bande de huit *ladrones* à cheval: mouvement d'effroi parmi les voyageurs, qui ne fut entièrement dissipé qu'à la vue d'Ecija, où nous arrivâmes à six heures du soir.

Cette ville est située dans le fond d'un joli vallon à l'abri de tous les vents; elle y est même trop à l'abri, car on assure que c'est l'endroit le plus chaud de l'Espagne.

L'aspect de la ville est extrêmement pittoresque; du milieu d'une grande place, dont toutes les maisons sont de style mauresque, on aperçoit quatre tours d'une élégance parfaite et construites par les Maures; si l'on voyait quelques turbans, on se croirait tout-à-fait dans une cité arabe; car, du reste, rien n'y manque : femmes voilées, fenêtres grillées, maisons carrées, avec cour pavée en marbre et fontaine jaillissante au milieu. Parmi ces belles habitations, celle de M. le marquis(1) de Peñaflor mérite une mention particulière : des peintures à fresque, des fontaines en marbre et des arbustes odoriférans, en font un délicieux petit palais.

Le soir, à souper, on agita la question d'avoir deux escopeteros de plus; mais comme ils demandaient 90 fr., et que notre position n'eût pas été beaucoup meilleure, on se contenta des quatre de la veille.

Nous dormîmes, par économie, sur une chaise; et le lendemain, à deux heures du matin, nous continuâmes notre route, à peu près résignés à tout ce qui pourrait nous arriver, mais néanmoins pestant de tout notre cœur contre l'absurdité de nous faire partir la nuit.

Nous dormîmes fort peu, comme bien vous pensez; souvent, à la faible clarté de la lune, nous apercevions nos escopeteros galopant à deux ou trois cents pas derrière la voiture; et comme ils ont plus d'un trait de ressemblance avec les ladrones, il en résultait dans

(1) Il y a beaucoup de comtes, de marquis, etc., à Ecija; la population est de 11,000 habitans.

nos esprits un doute tout-à-fait amusant. Pour mettre le comble à notre position critique, un d'eux, au point du jour, tira un coup de fusil; nous cherchions déjà des yeux les voleurs; mais c'était sur un oiseau que l'arme avait été déchargée.

A cinq heures du matin, nous changeâmes de mules à la *puerta Portuguesa*, point réputé le plus dangereux de la route, et où, huit jours avant, une femme et une jeune fille de treize ans avaient été *plus que volées*.

Un peu avant d'arriver à Carmona, nous vîmes les restes d'un fort, bâti par les Maures, sur une hauteur presque à pic, et d'où la vue s'étend sur une plaine immense; au pied de cette hauteur se trouve un vallon extrêmement fertile, au milieu duquel coule une petite rivière; avantages inappréciables pour une garnison arabe presque entièrement composée de cavalerie.

A dix heures, nous déjeunâmes à Carmona, ville assez jolie et qui ressemble beaucoup à Ecija. On y compte 7 à 8,000 habitans.

Entre Ecija et Séville, la campagne est d'une richesse extrême. Les productions de l'Italie et de la Normandie s'y trouvent réunies; d'immenses pâturages couverts de bœufs, de taureaux; des champs d'oliviers, des figuiers, des palmiers, des aloès, des grenadiers, des pins, etc. Nous ne la vîmes pas cependant dans toute sa beauté, à cause de l'excessive sécheresse de cette année, sécheresse qui a nui beaucoup à la récolte, et a multiplié à l'infini le nombre des pauvres et des voleurs (1).

(1) Une circonstance augmentait encore et le nombre et l'audace des voleurs : toutes les troupes de l'Andalousie étaient entrées en Portugal avec le général Rodil.

A deux heures, nous entrâmes dans Séville.

SÉJOUR A SÉVILLE.

Chi no ha visto Siviglia
No ha visto maraviglia (1)!

Du 18 mai au 1 juin.

Séville est, à notre avis, la plus belle ville de l'Espagne (Barcelone vient après, puis Madrid et Cadix); elle est située au milieu d'une belle plaine, arrosée par le Guadalquivir. Sa population est de cent vingt mille habitans; elle était autrefois la capitale du royaume, à l'époque où Isabelle de Castille et Ferdinand d'Aragon régnaient sur l'Espagne.

Nous visitâmes, le jour de notre arrivée, la cathédrale qui est fort belle, d'une architecture demi-gothique, demi-mauresque. Il s'y trouve quelques peintures du célèbre Murillo.

Une chose assez singulière et qui nous frappa tout d'abord, fut de ne voir dans l'église ni chaises ni bancs; les hommes se tiennent debout ou à genoux, les femmes à genoux ou accroupies à la manière orientale.

Nous montâmes au haut d'une tour qui tient à l'église et qu'on appelle la *Giralda;* les habitans de Séville en sont très-fiers, et la décorent du nom pompeux de huitième merveille du monde; elle est effectivement fort belle, d'une élégance et d'une légèreté tout-à-fait remarquables, et fait honneur au bon goût des Arabes

(1) Qui n'a pas vu Séville,
N'a pas vu merveille!

qui l'ont construite. De même qu'à la tour de Venise, ce n'est point par un escalier qu'on y monte, mais par une pente douce, aussi peut-on y aller à cheval : Ferdinand, roi de Castille, y est monté ainsi.

Après la cathédrale et la tour, nous devons parler de la promenade publique appelée *Las Delicias*, et qui mérite son nom sous tous les rapports; elle est située entre les remparts et le Guadalquivir, et assez près du beau palais de l'Alcanzar; des arbres, des arbustes, des plantes de toute espèce, remarquables par leur fraîcheur et la vivacité de leurs couleurs, des fontaines et le voisinage du Guadalquivir, contribuent à en rendre l'air pur et frais; aussi tous les soirs, et particulièrement le dimanche, les dames de Séville viennent-elles y respirer, et en même temps faire admirer leurs grands yeux noirs, leurs formes gracieuses et leur joli petit pied.

Nous sommes logés à la *posada de Bavière*, remarquez bien *posada* et non *fonda* (auberge et non hôtel) toujours par système d'économie; pour 18 réaux par jour (4 fr. 50 c.), nous avons une chambre, le déjeûner et le dîner. A neuf heures, nous prenons du chocolat que les Espagnols font parfaitement bien, et, à trois heures, nous avons un dîner passable. Un corrégidor d'un arrondissement à quelques lieues de Séville dîne avec nous; c'est un très-bon vivant, parlant le français comme nous l'espagnol, et, malgré tout, la conversation ne languit pas.

Le jeudi 28 mai, nous déjeûnons de bonne heure, pour aller voir la procession de la Fête-Dieu: le ciel est superbe, la chaleur supportable (24 degrés), les hommes, les femmes, sont élégamment parés, à l'exception de deux pauvres Français, dont la tenue est loin d'être brillante : *Chiens de voleurs !* Nous traversons la rue des *Francos* (la rue Saint-Denis de Séville) : toutes les maisons sont tapissées, depuis le haut jusqu'en bas, d'étoffe de soie cramoisie, les fenêtres seules sont découpées, et des femmes, dans leurs plus brillans atours, des roses naturelles dans leurs cheveux, y sont groupées pour voir passer la procession.

Nous nous rendons à la place Isabella II; c'est là où se trouvent l'*Ayuntamiento* (la municipalité) et la demeure du capitaine-général. Un bel escadron de lanciers y était rangé en bataille. Voici la procession :

Des moines de diverses couleurs (les capucins en tête) ouvrent la marche et défilent lentement, au milieu d'une haie de gardes nationaux; puis vient le clergé régulier, le tout entremêlé de croix, de bannières et de vierges en cire magnifiquement parées; une musique militaire et un détachement d'artillerie à pied, d'une fort belle tenue (1), précédaient le Saint-Sacrement, qui était placé sur une grosse tour d'argent : six hommes, cachés par des draperies, portaient cette énorme tour et semblaient plier sous son poids.

Les autorités et une foule de dévots terminaient le cortége.

Au milieu du défilé de la procession, une douzaine d'enfans de chœur (2) allèrent se placer sous les croi-

(1) Les officiers et les soldats marchaient la tête découverte, le schakos attaché au bouton de l'épaulette droite.

(2) Ils étaient très-élégamment vêtus, à la manière des pages de Henri III : justaucorps et haut-de-chausses de satin blanc, bas de soie blancs, souliers *id.*, chapeau avec plumes blanches, écharpe orange, etc.

sées du capitaine-général, et là, au son d'une musique, nous les vîmes danser et jouer des castagnettes. Il paraît que le clergé espagnol, à l'imitation de David, associe la danse à son culte; car nous fûmes encore témoins d'une seconde représentation de cette espèce de *valse dansante*, et cette fois dans le chœur, à un office du soir, où l'illumination, la musique, les chants, et une foule de femmes élégantes assises sur les talons et agitant artistement l'éventail, donnaient à cette cérémonie religieuse un caractère de grandiose et d'étrangeté que nous n'oublierons jamais.

Vendredi 30 mai, nous allâmes, mais sans grand empressement, voir la *corrida de toros* (combat de taureaux). L'arène, qui contient au moins quinze mille personnes, était remplie : il est réellement affligeant de voir, en Espagne, les hommes et les femmes courir avec tant d'ardeur à un si sanglant spectacle. Huit taureaux tués, autant de chevaux, et un *picador* éreinté, furent les victimes de la journée.

La *corrida* a été terminée par une scène assez divertissante : un taureau un peu moins furieux que les autres est lancé dans l'arène avec des boules à l'extrémité des cornes; deux ou trois cents des plus hardis spectateurs ont franchi la barrière, et là, harcèlent le taureau, le poursuivent, l'évitent; mais dans le nombre quelques-uns, ou maladroits ou trop audacieux, sont renversés par le terrible animal, aux grands éclats de rire de l'assemblée; tout aussitôt ils se relèvent, et on est tout surpris de les voir courir de plus belle.

Le samedi 31 mai, à six heures du matin, un habitant de Seville, ami de notre corrégidor, eut l'obligeance de nous conduire à un couvent de capucins, qui renferme de très-beaux tableaux de Murillo; nous en avons vu quatre ou cinq très-remarquables, et entre autres, un Pauvre demandant l'aumône à des religieux.

Le dimanche suivant, nous voyons afficher le décret royal pour la convocation des cortès; des estrades sont élevées sur les principales places publiques; et, à cinq heures du soir, le corrégidor et toutes les autorités (1), escortés des *urbanos* à pied et à cheval, musique en tête, parcourent la ville en lisant, au milieu des *vivat* de la foule, le décret royal. Le soir, chansons patriotiques et illumination générale. Pendant la journée, les habitans avaient déployé à leurs balcons la riche tenture cramoisie.

Séville est, à notre avis, la ville la plus curieuse, la plus caractéristique, la plus espagnole, de toute la Péninsule; c'est toujours la patrie des Bazile, des Rosine, de la femme belle, bonne et passionnée, qualités qui, réunies sous un ciel brûlant, font souvent d'une tendre Rosine une mère coupable.

Les maisons sont généralement petites, mais d'une construction élégante; elles ont deux étages, sont blanches en dehors, et le grillage des fenêtres est peint en vert. C'est surtout le soir qu'elles offrent un coup d'œil charmant: la porte en bois qui donne sur la rue est ouverte et permet à la vue de pénétrer dans l'intérieur; on aperçoit d'abord une jolie grille élégamment dessinée; derrière se trouve suspendue une lampe qui projette une douce lumière sur une petite cour carrée, entourée d'arcades à colonnes et rafraîchie par une fontaine, dont le léger murmure frappe agréablement

(1) Le cortége se composait de sept ou huit carrosses antiques attelés les uns de mules, les autres de chevaux.

l'oreille; souvent aussi, des arbustes sont placés, soit entre les petites colonnes, soit autour de la fontaine.

Il y a dans toutes les villes d'Espagne des *serenos* (des gardes de nuit), qui parcourent les rues en criant l'heure qu'il est. A Séville, j'ai entendu plusieurs fois : *Ave Maria purissima, las doce y media.* (Je vous salue, Marie toujours pure; minuit et demi.)

Quelques heures avant de partir, nous eûmes le plaisir de voir plusieurs jeunes filles danser le *bolero*, en s'accompagnant de castagnettes; nous remarquâmes leur grace, leur légèreté, et la supériorité de la danse espagnole sur la danse française. La plupart des Espagnols dansent et pincent de la guitare; organisés pour ces deux arts d'agrément, ils se les communiquent facilement de l'un à l'autre.

A neuf heures et demie, nous dîmes adieu à Séville, et nous montâmes sur le bateau à vapeur *el Corriano*, qui devait nous conduire à Cadix.

ROUTE DE SÉVILLE A CADIX.

(25 lieues de France.)

Du 2 au 5 juin.

Le bateau à vapeur *el Corriano* partit à dix heures du soir, ayant à son bord une soixantaine de passagers, dont la réunion ne laissait pas que d'être bizarre : un Maure dormait à côté d'un cordelier; un Français (Hercule du Nord) tout près d'un capucin à longue barbe; une vieille femme faisait jaser son perroquet dans son coin; ici, des Andalous, au chapeau pointu, jouaient aux cartes et fumaient; là, des Anglais buvaient, et enfin, des femmes, des enfans, sommeillaient çà et là.

Les bords du Guadalquivir sont célèbres, et le peu que nous en avons vu nous a fait regretter de n'avoir pas fait ce voyage de jour.

A six heures, nous nous arrêtâmes près San-Lucar, où nous laissâmes à peu près la moitié des passagers. Une heure après, nous naviguions sur l'Océan.

Là, le vent commença à souffler assez fort; il était contraire et notre marche se ralentit considérablement; déjà, cependant, nous découvrions Cadix, mais malheureusement nous ne pûmes y aborder. Pendant deux heures, nous luttâmes inutilement contre les flots; il fallut retourner à San-Lucar. Nous voyez-vous sans argent, fatigués de la mer, obligés de passer sous les fourches caudines des bateliers, douaniers, voituriers, hôteliers, le tout assaisonné de voleurs. Rassurez-vous! notre bonne mine ou notre bonne étoile, comme vous voudrez, nous avait fait faire la connaissance d'un brave commandant d'artillerie de marine qui mit sa bourse à notre disposition, et de plus nous aida par ses conseils et sa bonne humeur à supporter tous nos ennuis.

A San-Lucar, nous prîmes un carrosse à la Louis XIV tiré par cinq mules, qui nous menèrent, en deux heures et demie, au port Sainte-Marie. Notre projet était de nous embarquer tout de suite pour Cadix; mais, la mer étant mauvaise, nous remîmes notre passage au lendemain. Le lendemain, même vent; mer houleuse. Que faire? Nous avons, à trois lieues de nous, des lettres de personnes qui nous sont chères; ici nous sommes pauvres, à Cadix nous serons presque riches! Partons, partons! Nous prenons place dans une grande barque non pontée au milieu d'une vingtaine d'hommes et de femmes; le vent est tellement fort que le patron ne fait déployer que moitié de la grande voile, et cependant la barque file avec une vitesse incroyable; d'énormes lames viennent se briser à la poupe et nous cingler le visage; l'eau ruisselle sur nos habits. Les femmes, effrayées, récitent tout haut la prière des agonisans, et à pas un de nous autres hommes ne vint seulement la pensée d'en rire. Cette position critique dura une heure, et vous vous imaginez facilement avec quelle joie nous mîmes pied à terre.

CADIX.

Du 3 au 7 juin.

Cadix contient 70,000 habitans; c'est la plus riche, la plus élégante ville de l'Espagne; les rues sont belles et droites, les maisons élevées (trois à quatre étages) avec des balcons vitrés, ou plutôt des fenêtres qui font saillie d'un pied dans la rue, et qui, pendant le jour, sont abritées du soleil par des *cortinas* (épais rideaux de toile ou de coutil).

On construit dans ce moment une nouvelle cathédrale, presque toute en marbre; l'architecture en est riche, mais un peu lourde. On espère que dans dix ou quinze ans elle sera terminée (la construction est aux trois quarts).

Le soir, nous allions, de huit à dix heures, sur la

place *San-Antonio*; jolie promenade circulaire, plantée d'arbres, et rendez-vous des jolies Caditaines. La musique d'un régiment de ligne y venait tous les deux jours jouer, pendant une heure, des symphonies. Nous allâmes aussi nous promener à la *Lameda*, longue allée plantée d'arbres, ayant vue sur la mer.

Nous étions logés à la posada de l'*Alianza*, toujours avec notre aimable commandant d'artillerie de marine (Célestin Riuz de la Bastide), à l'obligeance, à l'esprit, à la gaieté duquel nous devons payer un tribut d'éloges. Nous fîmes sa connaissance dans le trajet de Cordoue à Séville; sa conversation étant fort intéressante, il captiva tout d'abord notre attention. En le connaissant davantage, nous acquîmes la certitude qu'il était aussi bien partagé du côté du cœur que de l'esprit; nous nous séparâmes comme de vieux amis. Il s'embarqua pour l'île de Léon, où son bataillon tenait garnison, la veille de notre départ pour Malaga.

Doué d'une mémoire fort heureuse, et ayant vécu à la cour, à la ville et dans les camps, il connaissait parfaitement la biographie des personnages célèbres de son pays. Le général Morillo était un de ceux dont il parlait avec le plus de plaisir. Lié intimement avec ce général, c'est de sa bouche même qu'il tenait le fait suivant que j'ai cru assez curieux pour être consigné ici :

Morillo, qui fut long-temps général en chef de l'armée espagnole dans l'Amérique du Sud, et l'adversaire le plus redoutable de Bolivar, se plaisait à raconter qu'un jour, des soldats lui proposèrent de manger sa part d'une chèvre dont ils se préparaient à faire leur repas : Dieu me garde de vous refuser, leur dit-il, car je me rappelle toujours avec plaisir que c'est à une chèvre que je dois ma fortune ; voici comment :

A l'âge de quatorze ans, j'étais gardeur de chèvres chez mon oncle ; un jour, une d'elles s'égara ; craignant d'être maltraité, je pris la fuite et me fis soldat ; au bout de quelque temps, je parvins au grade de sergent ; mais nouvelle disgrace : je manque à un appel, crains d'être puni et déserte.

Dans l'année 1808, au commencement de la guerre de l'indépendance, les paysans de mon village prirent les armes ; et malgré ma jeunesse, ils me nommèrent leur capitaine, étant le seul qui sût l'exercice ; plus tard, Lugo fut assiégé par 40,000 paysans ; 1500 Français seulement défendaient la place. Désespérant d'être secourus, ils voulurent capituler ; mais comme leur honneur ou leur orgueil eût été blessé de rendre la place à des paysans, ils déclarèrent ne vouloir traiter qu'avec un chef militaire. Voyant cela, je me fis faire tout de suite un riche habit de colonel ; j'eus une entrevue avec le commandant des assiégés, qui me chargea de rédiger les articles de la capitulation, et je signai : *le colonel Morillo*. Mon grade me fut maintenu.

Bientôt après, les talens militaires de Morillo, joints à sa rare valeur, lui firent obtenir le grade de général.

Nous allons compléter la partie militaire de notre relation, en parlant un peu de la physionomie et des habitudes du soldat espagnol.

Les traits caractéristiques qui distinguent le Français de l'Espagnol sont plus saillans, plus tranchés peut-être encore, dans les mœurs et les habitudes militaires des soldats de ces deux nations. Et d'abord parlons du *cigaro*. Tout le monde sait quel rôle immense joue le cigare dans l'existence espagnole. C'est une partie intégrante du bien-être civil et militaire; pas de conversation qu'il ne précède; pas de rapports, de liaisons, qu'il ne facilite; pas de souffrance qu'il n'aide à supporter. Aussi, à la promenade (*el paseo*) tout comme en sentinelle perdue, à la guerre, vous retrouvez le soldat espagnol savourant avec ravissement et bonheur ses bouffées de tabac.

Que lui importent ensuite la faim, la soif et les intempéries de l'air? Il fume et fredonne, c'est assez.

Après le cigare, l'objet le plus essentiel, sans contredit, pour le soldat de ce pays, est cet instrument qu'on rencontre dans les corps-de-garde et les bivouacs, comme dans les boutiques de barbiers : la guitare! Un jour nous avons rencontré des cavaliers partant pour une expédition nocturne, un d'eux portait cet instrument chéri. Dans les corps de garde, vous l'apercevez souvent à côté du ratelier d'armes. C'est la guitare qui préside aux concerts de nuit, aux *seguedillas*, *manchegas*, etc., sérénades improvisées, empreintes d'une origine et d'un charme tout mauresques, et qui, dans les belles soirées d'été, attirent la *señora* sous la tente du balcon.

Le soldat espagnol a des qualités remarquables; il est brave, sobre, patient, infatigable; mais orgueilleux, et rarement généreux dans la victoire.

L'armée espagnole, comme nous l'avons déjà dit, a beaucoup de ressemblance avec la nôtre; l'infanterie se compose de régimens de ligne et de régimens d'infanterie légère; la cavalerie, de régimens de ligne (dragons) et de chasseurs-lanciers. Les uniformes sont d'une coupe élégante et française; les couleurs sont le vert et le bleu, avec paremens jaunes ou rouges. Le drapeau est rouge et jaune.

Ce qui diffère essentiellement de notre pays, c'est la marche que battent les tambours; je dis la marche, car ils n'en ont qu'une, et d'une monotonie insupportable. Déjà, cependant, dans les villes très libérales, les tambours de la garde nationale battent à la française, malgré la défense expresse du feu roi Ferdinand. C'est sur ce point seulement que les Espagnols avouent notre supériorité; car ils prétendent l'emporter sur toute autre chose. Nous avons entendu un vieux marin prétendre que Barcelone était une plus grande et plus belle ville que Paris. Un autre m'a dit à moi-même : *Los Españoles son mas valientes que los Franceses.* Un Anglais m'eût fait monter le rouge au front; mon Espagnol me fit rire.

Si les tambours sont mauvais, il faut avouer qu'en revanche les musiques des régimens espagnols sont meilleures que les nôtres. Le choix des airs, le plus souvent tristes et langoureux, manque bien un peu de vivacité militaire; mais l'harmonie en est pure et l'exécution bien sentie.

Revenons à Cadix : malgré les agrémens de cette ville, malgré le charme des plaisirs espagnols, bolero, castagnettes, guitares, chansons et cigarettes (1), une idée fixe nous poursuivait, celle de partir; nous allâmes *Calle-Nueva* (rue Neuve), où stationnent ordinairement les marins, et arrêtâmes notre passage sur une barque pontée, pour Malaga. *Señores, dies douros para los dos*

(1) A Cadix, presque toutes les grisettes ou les femmes du peuple fument la cigarette; quelques dames se donnent aussi ce plaisir, mais en cachette.

y partiremos sábado a las tres de la tarde. (Messieurs, 50 fr. pour vous deux, et nous partirons samedi à trois heures.) A heure et jour fixés, nous étions sur le *mistick la Villa del Carmen*, patron Mariano Coscolla.

DE CADIX A MALAGA.

(40 lieues d'Espagne, 60 de France.)

Du 7 au 9 juin.

Notre petit bâtiment, d'environ trente tonneaux, avait cinq hommes d'équipage. Nos compagnons de voyage étaient assez nombreux et tous Espagnols, n'entendant, ne parlant que la langue du pays; parmi eux se trouvait un capucin de Malaga, de trente à trente-deux ans, dont la figure était d'une rare beauté; il fut fort aimable pour nous, nous donna des oranges et d'excellentes petites cigarettes. Aussitôt la nuit venue, il allait se coucher tout près du lit de la femme du patron, et je crois que mon gaillard de capucin était au moins aussi aimable la nuit que le jour; il était toujours le premier couché et le dernier levé (1).

Pour gagner le vent, nous tournâmes tout autour de Cadix; cette ville est presque comme Venise, au milieu des eaux; elle ne tient à la terre que par une chaussée étroite, longue de deux lieues; ce qui la met tout-à-fait à l'abri d'un ennemi qui n'est point maître de la mer;

(1) Plusieurs de nos passagers, que nous revîmes à Malaga, nous dirent que notre capucin était un *picaros* (libertin).

aussi suffit-il de la voir pour comprendre l'inutilité des efforts de l'armée française pour s'en emparer pendant la guerre de l'indépendance.

A peine étions-nous hors du port que le roulis de notre barque incommoda presque tous les passagers; le capucin paya son tribut comme les autres; moi, je fis bonne contenance, et, de même que sur le bâtiment à vapeur, j'échappai à l'épidémie générale.

Nous montons, le matin de bonne heure, sur le pont, espérant découvrir Gibraltar; quel est notre désappointement! nous étions encore en vue de Cadix; nous avions fait trois lieues en quinze heures. Enfin un peu de vent vint enfler nos voiles, et à quatre heures nous aperçûmes le cap Trafalgar, de triste et célèbre mémoire, où Anglais, Français et Espagnols, firent des pertes irréparables: les premiers Nelson, et les deux autres leur marine.

Un peu avant la nuit, nous étions à l'entrée du détroit de Gibraltar, voyant tout à la fois les côtes d'Europe et d'Afrique. Nous apercevons bientôt après le phare de Tarifa; mais malheureusement la nuit nous empêcha de voir Gibraltar, Tanger et Ceuta.

Le lendemain, notre réveil fut plus agréable; notre petit navire marchait bien, et tout nous faisait espérer que nous arriverions de bonne heure à Malaga. En effet, entre dix et onze heures, nous découvrîmes les tours de sa cathédrale, et, à une heure, nous y entrâmes en même temps qu'un beau trois-mâts russe. A une demi-lieue du port, nous avions vu passer tout près de notre barque huit à dix veaux marins; ils tenaient la tête hors de l'eau et paraissaient prendre plaisir au balancement de la vague.

Nous nous félicitions d'avance de la jouissance que nous aurions à quitter notre mistick, où nous n'avions, pour ainsi dire, ni dormi, ni mangé (du pain, de l'eau, un peu de bœuf froid, et pour oreiller une malle). Pas du tout : ordre de la santé de nous faire rester dans le port cinq heures ; nous pestâmes contre l'administration qui nous condamnait bien inutilement au petit supplice d'être balancés, mais au point que quelques passagers furent repris du mal de mer.

Il est six heures du soir ; nous sommes à Malaga.

MALAGA.

De 9 au 21 juin.

Cette ville est qualifiée de *muy bonita* (très-jolie), qualification que nous nous plaisons à ratifier. Elle est bâtie au bord de la Méditerranée et au pied de hautes montagnes qui l'abritent des vents du nord ; sa population est d'environ cinquante mille habitans.

On nous indiqua *la fonda de la Esperansa*, où, pour 4 fr. par jour, nous avons chambre, déjeuner et dîner confortables, et de plus une hôtesse italienne fort aimable. Nos chambres sont tapissées de gravures coloriées, toutes à la gloire de Napoléon ; car Napoléon, même en Espagne, est regardé, admiré, comme le plus grand homme des temps modernes.

Partout, depuis Barcelone jusqu'à Malaga, nous avons vu les mêmes gravures, soit chez les barbiers, soit dans les *fondas* ou les *posadas* où nous nous sommes arrêtés ; et, chose remarquable, pas une seule en faveur des Anglais.

Logés près de la cathédrale, nous allâmes la voir le second jour de notre arrivée. Elle est fort belle, d'une architecture moderne, riche à l'extérieur et très-simple intérieurement; c'était le contraire que jusqu'alors nous avions remarqué dans toutes les églises d'Espagne.

Nous fûmes surpris du peu de fréquentation de cette église : un dimanche, à onze heures, nous y avons vu dix personnes; et un autre jour, à un office de l'après-midi, avec chants, musique, etc., il y avait encore moins de monde; nous en tirâmes la conséquence que les habitans de Malaga étaient très-peu dévots.

A la droite de la ville, vue du côté de la mer, se trouve un fort bâti par les Arabes; il ressemble, par son architecture et sa position, à celui que nous avons vu près de Carmona. Nous l'avons visité avec beaucoup d'intérêt; et nous regrettons bien que le maréchal Soult se soit cru obligé de le ruiner en 1809; néanmoins ce qui en reste suffit pour donner une idée de la beauté et de la solidité de l'architecture militaire arabe.

De l'autre côté de la ville, et tout près de la mer, est la belle promenade *la Lameda* (de belles allées de lauriers roses, entremêlés d'acacias), où tous les soirs la bonne société se donne rendez-vous.

M. Doré de Nyon, consul français, pour lequel nous avions une lettre de recommandation, nous reçut parfaitement bien. Il nous mit au courant des nouvelles de France, nous donna des journaux dont nous étions privés depuis six semaines et qui nous apprirent une triste nouvelle, la mort du général Lafayette.

Ce fut aussi à l'obligeance de notre consul que nous dûmes le plaisir de connaître un peu la bonne société de Malaga; il nous conduisit dans la maison d'un des principaux négocians, M. Mongrand, Français, établi en Espagne depuis 1796; là nous vîmes une réunion de jeunes femmes, demoiselles et cavaliers danser, walser et même galoper; puis, la *señorita Frasquita*, une des plus gracieuses filles de ce monsieur, se mit au piano et chanta, avec autant d'obligeance que de goût, quelques chansonnettes espagnoles et un duo italien avec notre consul.

Nous allâmes plusieurs fois au théâtre; les acteurs étaient mauvais, la salle très-ordinaire et les spectateurs en petit nombre.

Le spectacle se composait d'une comédie espagnole, d'un *bayle nacional* (le bolero), admirablement exécuté, et d'une petite pièce bouffone, que les Espagnols appellent *saynete*,

Notre séjour à Malaga nous a permis de connaître les usages, les habitudes, et un peu le caractère du beau sexe. Je vais en consigner quelques traits ici.

Une dame ne sort jamais de chez elle sans avoir fait une répétition dans la glace du maintien qu'elle doit se donner à la promenade; marche, tournure, jeu de physionomie, mouvement d'éventail, tout est étudié. Je suis d'autant plus porté à croire à ce fait, que non seulement je le tiens d'une dame digne de foi, mais encore que déjà nous avions remarqué que toutes les femmes avaient la même démarche. La maman apprend à ses filles à marcher, à se servir de l'éventail, comme choses de la plus grande importance, malgré le ridicule qui peut en résulter; il faut avouer que l'école est parfaite, qu'il est impossible d'avoir une démarche plus gracieuse et plus élastique, *un andar muy elastico*, comme disent les Espagnols, une physionomie plus expressive, de se servir d'un éventail avec plus de grâce, soit pour envoyer un bonjour, soit pour agiter l'air.

Pendant que je suis sur le chapitre de l'éventail, je ne veux pas oublier une communication précieuse que je dois à M. D.... : l'éventail joue un grand rôle dans la galanterie; une belle veut-elle recommander à son amant de ne pas lui parler, elle pose sur son front l'extrémité de son éventail; veut-elle lui indiquer l'heure d'un rendez-vous, un certain nombre de coups dans la main le lui indiquent, et mille autres choses semblables : l'éventail enfin est un vrai télégraphe.

Il n'est point d'usage en Espagne de demander de dot ni même d'en donner; un jeune homme qui en demanderait serait bafoué et banni de la société. Les demoiselles sont presque exclusivement chargées du soin de se procurer un mari (ce qui explique un peu l'école des mères dont j'ai parlé plus haut); aussi déploient-elles une grande habileté, un talent de séduction rare; en France, du moins ouvertement, ce sont les jeunes gens qui commencent l'attaque, en Espagne ce sont les demoiselles; il est vrai que leur position est plus difficile : 1° point de dot; 2° plus de demoiselles que de jeunes gens; 3° trois ou quatre ans d'espérance, passé vingt ans, il est trop tard; mais aussi quelle gloire pour celles qui triomphent!

Quand par hasard des parens veulent s'opposer au mariage de leur fille, celle-ci a le droit de demander l'épreuve du *deposito;* voici comment se fait cette épreuve. La demoiselle se retire dans un couvent pendant un mois, et au bout de ce temps, si elle persiste, le mariage a lieu de droit. On nous a montré, à la promenade, une jeune personne qui avait subi cette épreuve; mais cette fois, à la satisfaction du père, l'amant avait été remercié.

Nous ne pouvons mieux peindre l'exaltation des femmes espagnoles, qu'en rapportant les deux anecdotes suivantes, dont nous pouvons garantir l'authenticité.

Une demoiselle de Saragosse, la fille du marquis C....., avait pour amant un jeune barbier, fort joli garçon; ayant su, à n'en pouvoir douter, qu'il lui était infidèle, elle résolut de se venger, et voici comment :

Elle lui donna rendez-vous dans un jardin, où elle se rendit avec sa caméristе, confidente de ses projets de vengeance. L'amant fut exact, et sa jeune maîtresse, plus tendre, plus folâtre que jamais, l'accabla de caresses, et finit par le prier de consentir à une plaisanterie, à un caprice de femme, à se laisser attacher les bras et les jambes; notre jeune homme n'avait rien à refuser à sa maîtresse, et, moins ce jour-là qu'un autre: il se laissa donc lier bras et jambes; la jeune comtesse alors ayant changé de ton, lui reprocha en termes sanglans sa perfidie, et lui annonça enfin qu'il eût à se préparer à la mort, à une mort terrible; en effet, malgré les prières, les supplications, les cris de désespoir de cet infortuné, elle et sa caméristе le jetèrent dans un bassin profond, près duquel et avec intention la scène s'était passée.

Voici l'autre, dont les personnages nous sont connus.

Mademoiselle Assomption B...., fille d'un riche négociant de Cadix, avait conçu une violente passion pour un jeune Malaguinais. Celui-ci, atteint d'une maladie, fruit d'une conduite peu régulière, eut la délicatesse d'en prévenir la demoiselle, et lui fit part en même temps de l'intention où il était de se rendre à Paris pour rétablir sa santé; mais notre jeune Espagnole, ou trop passionnée pour attendre, ou craignant que l'absence ne changeât le cœur de son amant, voulut que le mariage fût fait tout de suite. Ses désirs furent accomplis, il y a deux ans environ.... Aujourd'hui, sa santé et sa beauté sont altérées à jamais; son exaltation néanmoins est restée la même, et elle ne paraît avoir aucun regret de la funeste résolution qu'elle a prise.

Maintenant parlons de nos promenades aux environs de Malaga. Un ancien officier espagnol, qui nous sert de cicerone, ayant obtenu, d'une dame fort aimable, la femme du consul de Prusse, la permission de visiter sa jolie *villa* qui est située à Curiana (deux lieues de Malaga), nous y allâmes, le 12 juin, dans une *calesa* (mauvais coucou attelé d'un cheval).

Une belle allée, plantée d'orangers et de lauriers roses, mène à l'habitation; nous attendîmes quelque temps à la porte; enfin le jardinier, armé d'un fusil (précaution indispensable dans ce pays) vint nous ouvrir.

Il est impossible de pouvoir décrire le jardin; tout ce que la nature produit de plus beau s'y trouve réuni.

De nombreuses allées d'orangers chargés de fruits, entremêlés de grenadiers couverts de fleurs, et de cyprès taillés en colonnes; là, une grotte uniquement formée de saules pleureurs, dont les branches, habilement dirigées, ferment tout accès aux rayons brûlans du soleil; ici, un petit ruisseau qui coule en serpentant au milieu de mille fleurs, puis disparaît tout-à-coup en faisant entendre un léger murmure; plus loin, dans un massif d'arbres, se distinguent le figuier à sa feuille élégante, et le citronnier à ses beaux fruits dorés; on remarque aussi un petit pavillon tapissé de coquillages, au milieu duquel se trouve un joli bassin rempli de poissons.

Enfin, nous vîmes dans ce délicieux jardin, non seulement tout ce que la végétation d'Europe et d'Afrique offre de plus rare et de plus curieux, mais encore des plantes d'Amérique, aussi belles qu'en Amérique même.

La maison est d'une architecture fort élégante; d'un côté elle a vue sur la mer, et de l'autre sur de hautes montagnes, où l'on aperçoit çà et là quelques palmiers, et où croît en abondance la vigne qui produit l'excellent vin de Malaga.

Pendant toute cette promenade, nous fûmes ravis de la magnificence du paysage; notre œil aimait à suivre la cime des montagnes lointaines et vaporeuses se perdant dans un horizon de feu. Jamais nous ne sentîmes plus vivement les effets magiques d'ombre et de lumière! jamais aussi nous ne regrettâmes plus amèrement de ne pouvoir reproduire sur la toile ou retracer avec le crayon tout ce qui exaltait notre imagination.

GITANOS.

En sortant de Curiana, nous vîmes plusieurs hommes jouant sur le chemin, quelques enfans s'amusant entre eux, et, non loin de là, trois ou quatre femmes, assises dans un champ près d'un très-modeste mobilier, cousant et tricotant; notre conducteur nous apprit que c'étaient des *gitanos*. On appelle ainsi quelques familles demi-égyptiennes, demi-espagnoles, qui, à la manière des Arabes et des Bohémiens, couchent et campent à la belle étoile, tantôt dans un endroit, tantôt dans un autre. Ils sont fort redoutés de leurs voisins; car il leur arrive souvent, en décampant, de voler les ânes qui leur tombent sous la main, et d'aller les vendre à cinq ou six lieues de là. On donne ordinairement aux fripons le nom de *gitanos*.

HABITUDES ET COUTUMES DE LA SOCIÉTÉ.

La société, à Malaga, et, m'a-t-on assuré, dans presque toute l'Espagne, a tous les ridicules, toutes les petitesses de nos villes de province; le noble ne fréquente pas le riche industriel; le riche industriel, le petit commerçant; et dans le petit nombre de personnes qui se voient, la médisance exerce despotiquement son empire.

On prodigue les visites à l'infini, et généralement les formules de politesse sont fort multipliées.

Quand un étranger de distinction vient s'établir dans une ville, ce sont les habitans, curieux de faire sa connaissance, qui lui font d'abord visite : usage contraire et préférable à celui suivi en France.

Les heures de visite sont de midi à deux heures.

Le langage de la politesse est assez singulier.

Lorsque vous prenez congé d'une dame, à qui vous venez de faire visite, elle vous dit : *Pongo mi casa a la disposicion de usted* (1). Le cavalier dit à une dame : *Beso los piés de usted* (2). La dame répond : *Beso las manos de usted* (3); ce qui est, par parenthèse, assez ridicule dans la bouche d'une femme.

Voici un usage assez galant :

Dans la bonne société espagnole, on a coutume, au jour de l'an, de réunir toutes les cartes de visite des personnes qui fréquentent la même société; les cartes des hommes sont d'un côté, celles des dames d'un autre; on tire alternativement un nom de *cavallero* et un de *señora*, et alors le monsieur est pour toute la journée le *cavallero sirvente* de la dame. Il lui doit exclusivement tous ses soins, assaisonnés de bonbons et

(1) Je mets ma maison à votre disposition.
(2) Je vous baise les pieds.
(3) Je vous baise les mains.

autres petits cadeaux. Comme le sort pourrait amener des unions peu désirées, on présume que la maîtresse de la maison fait quelques petites tricheries, afin que chacun soit le plus possible content de son lot.

La formule du bonjour varie suivant les heures de la journée, on dit : *buenos dias* (bon jour) jusqu'à midi ; *buenas tardes* (bon après-midi ou bon soir) jusqu'au coucher du soleil ; et *buenas noches* (bonne nuit) depuis le coucher jusqu'au lever du soleil. Cette division de la journée donne lieu bien souvent à certaines phrases fort singulières pour l'oreille d'un étranger. Ainsi, une jolie femme vous dit : Venez passer la *noche* avec moi ; ce *noche* serait sublime à Paris ; mais, en Espagne, cela veut dire soirée ; quelle chute !

COSTUMES.

Le costume des dames espagnoles nous a paru tellement bien, et d'ailleurs il est tellement spécial à la nation espagnole, il a une origine tellement orientale, que, même sous ce seul point de vue, il mériterait d'être connu.

Le voici donc tel que nous l'avons admiré à Valence, à Madrid, à Séville, à Malaga, etc.

Robe de soie noire, à dos plat, demi-montante par devant, manches courtes, un peu bouffantes; fichu de soie rose ou jonquille; mantille noire (la partie qui se trouve derrière la tête et le cou en satin, le reste en tulle brodé); cette mantille s'attache dans les cheveux, vient jusqu'au haut du front, puis descend en plis légers sur le col, laissant l'oreille, où brille un bijou précieux, à découvert, se déploie ensuite sur la poitrine; et grâce à la légèreté et à la transparence de son tissu, elle n'écrase ni ne dérobe à la vue les belles formes que bien souvent elle recouvre. Enfin, cette mantille tombe, comme les pélerines à pointes, un peu au-dessus des genoux; derrière, elle s'arrête à la ceinture et laisse voir la pointe du fichu.

Coiffure en cheveux, trois ou quatre boucles de cheveux (1) de chaque côté, avec une fleur naturelle; bas de soie blancs; souliers de soie noirs, mitaines noires à filet; et toujours le riche éventail en nacre, incrusté d'acier ou d'argent.

Dans la promenade, nous avons vu quelques chapeaux à la française, mais d'un goût et d'une forme que, pour me servir du terme usité par nos élégans, je qualifierai d'horribles. La plupart, il est vrai, n'étaient portés que par de petites demoiselles de huit à dix ans. Sur vingt femmes, on en compte une à peine qui ait un chapeau, et encore le plus souvent ce sont des étrangères ou des dames espagnoles rentrées de l'émigration.

(1) Beaucoup de jeunes personnes se coiffent à la chinoise; mais toujours avec une rose dans les cheveux, soit d'un seul côté soit des deux.

S'il y a peu de chapeaux, il y a encore moins de bonnets : nous n'en avons pas vu un seul. Dans leur intérieur, les femmes sont nue tête; c'est seulement lorsqu'elles sortent qu'elles jettent sur leur tête et leurs épaules la mantille ou le mouchoir.

Le joli costume de Figaro n'est plus porté que par les combattans de taureaux et les danseurs dans le *bayle nacional*. Il y a quelques années encore, les jeunes élégans le portaient à la campagne; aujourd'hui il est généralement abandonné.

De tous les Espagnols, les Andalous passent pour être les plus recherchés dans leur mise : veste élégante, culotte courte, guêtres très-fines en peau, chapeau pointu et manteau; tel enfin, à peu près, que le costume de l'ex-lieutenant de José Maria, dont on a déjà lu la description.

Depuis huit jours, nous éprouvons un ennui mortel; les vents contraires nous ferment momentanément le chemin de la mer, et *ladrones* et choléra ne nous permettent pas d'aller par terre.

Enfin le patron nous a salués ce matin d'un *bueno tiempo*, et, à cinq heures, nous nous embarquerons dans le même mistick qui nous a amenés de Cadix à Malaga.

DE MALAGA A ALMEIRA.

(30 lieues d'Espagne.)

Du 21 au 23 juin.

A sept heures du soir, nous reçûmes les adieux de notre excellent consul; de grosses larmes s'échappèrent de ses yeux, larmes arrachées par le regret de la patrie, et aussi par la privation de ne pouvoir plus parler de cette chère France avec deux compatriotes, auprès desquels du moins il trouvait de la sympathie.

En arrivant au port, nous trouvâmes sur la barque cinq autres passagers, trois officiers espagnols et deux femmes; ils furent tous très-polis avec nous, un d'eux même m'offrit, et avec tant d'instance que je ne pus le refuser, un petit volume en espagnol (la traduction du *Lorghon*, par madame Delphine Gay).

Au bout de deux jours, nous étions en vue d'Almeira; tout nous faisait espérer que dans quatre jours, au plus, nous serions à Barcelone, lieu de notre destination; mais, lorsque nous fûmes à la hauteur du cap Gata, le vent tourna à l'Est, et nous fûmes obligés de jeter l'ancre dans la rade d'Almeira.

Le lendemain matin, nous repartîmes avec un vent du Sud-Est, et avançâmes péniblement, en courant des bordées. A sept heures du soir, nous avions presque doublé le cap Gata, quand un vent d'Est assez violent vint à s'élever; la mer roulait de grosses lames, qui venaient se briser contre notre petit navire. L'avant était couvert d'eau; des passagers, qui s'y étaient logés, vinrent nous rejoindre dans le cabinet du patron. Nous fûmes contraints, encore une fois, de virer de bord et d'aller chercher un refuge à Almeira. Les vagues semblaient nous poursuivre avec une fureur que notre peu d'habitude de la mer nous exagérait peut-être. La barque craquait à chaque instant. Un de nous mit la tête hors de la cabine; mais la voix rude et menaçante du patron le fit rentrer tout aussitôt. Nous eûmes, pendant une demi-heure, ce que nous appellerons modestement une vive inquiétude. Le sifflement du vent, l'obscurité de la nuit, la voile que nous croyons déchirée, la voix effrayante de notre patron et les gémissemens d'une femme, formaient un assez terrible ensemble pour inquiéter, même, de plus intrépides; et nous nous disions *in petto*, et le plus sérieusement du monde : Que diable allions-nous faire dans cette maudite galère?

Nous échappâmes encore cette fois; à dix heures du soir, nous étions à l'abri de tout danger. Le lendemain nous nous réveillâmes, poursuivis d'une idée fixe, celle de quitter le bâtiment; nous nous arrangeâmes avec le patron, et le 25, à huit heures du matin, nous débarquâmes sans regret, je vous jure, de la *villa del Carmen*.

ALMEIRA.

25 et 26 juin.

Aussitôt que nous eûmes mis pied à terre, nous fîmes prier le consul de France (M. Rambeau) de venir nous trouver (1), ce qu'il fit avec beaucoup d'empressement: et nous ne saurions trop nous féliciter d'avoir rencontré, au milieu de tous nos ennuis, un homme d'aussi bon conseil et si rempli d'obligeance. Grâce à lui, tous les obstacles furent levés; nous payâmes notre peu aimable patron Coscolla, et allâmes nous étendre

(1) Nous étions consignés à la police; nous ne pouvions sortir sans qu'on eût décidé si nous serions reçus, ou non, à Almeira.

avec délices sur un bon lit de la *Fonda de la marina.*

Nous voulions continuer notre voyage par terre; mais voici le détail exact de tous les agrémens qui nous y attendaient; c'est le consul qui parle :

Vous serez trois jours pour aller à Carthagène avec des chevaux et des guides, guides d'une moralité fort suspecte. Le chemin est difficile, une chaleur étouffante, de la poussière, des montagnes à gravir, et quelquefois cinq à six lieues sans rencontrer une maison, sans trouver un verre d'eau. Le choléra est dans tous les villages où vous passerez; vous ferez quarantaine, ou peut-être le chemin vous sera-t-il fermé; puis, quand vous serez arrivés dans une auberge, n'allez pas vous croire hors de peine; vous n'y trouverez ni pain, ni vin, ni viande; seulement on vous indiquera la maison du boulanger, et ainsi de suite; puis, enfin, vous coucherez sur la paille. En résumé, vous aurez à craindre : voleurs, choléra, quarantaine, fatigue, chaleur, soif et faim.

Vous pensez bien qu'il ne nous en fallut pas davantage pour nous décider à reprendre la voie de la mer, malgré tout le dégoût que nous en avions.

Notre consul, toujours notre consul, se mit à nous chercher un bâtiment; et nous, l'esprit libre et joyeux, nous allâmes parcourir la ville.

Almeira est une ville frontière de l'Andalousie, située à quelques lieues du royaume de Murcie; sa population est de 22,000 ames. La ville n'est pas riche, mais la physionomie des habitans est gaie et heureuse; les enfans jouent, les femmes sourient, et les hommes chantent des airs patriotiques en s'accompagnant de la guitare.

Cette cité est libérale par excellence; les Français y

sont bien vus; ce qu'ils doivent d'abord à la conformité d'opinions, et ensuite à la bonne conduite des soldats de l'empire, qui ont occupé Almeira pendant les années 1810 et 1811.

La ville, dont l'aspect est extrêmement bizarre (des maisons petites, carrées, blanches, et toutes avec terrasse), est bâtie en amphithéâtre, et couronnée par un magnifique fort arabe assez bien conservé, et que nous visitâmes dans ses plus petits détails.

Sur le sommet de la montagne au pied de laquelle la ville est bâtie, s'élèvent quatre fortes tours; nous vîmes au milieu plusieurs grandes salles, qui servaient probablement de palais aux princes arabes! un double rang de remparts avec créneaux en défend l'approche.

A deux cents pas environ, se trouve un petit fort construit sur un monticule; une rampe crénelée, parfaitement conservée, le lie au fort principal.

Nous admirâmes l'élégance et la légèreté de cette rampe qui, hardiment jetée comme un pont, permettait de communiquer rapidement d'une montagne à l'autre.

L'architecture de ce fort, aussi élégante que solide, atteste le bon goût et l'instruction des Arabes, et fait honneur, en même temps, à la vaillance et à la persévérance de leurs vainqueurs (1).

Dans cette promenade, nous étions accompagnés par deux marins français, M. Métayer, capitaine du brick *le Fénélon*, et son second; leur société contribua à nous rendre complètement notre bonne humeur.

(1) Les Arabes furent chassés définitivement de l'Espagne en 1495, après la prise de Grenade.

En sortant du fort, nous restâmes quelque temps à admirer le tableau qui se déroulait devant nos yeux. Nous dominions toute la ville et la plage, plage sur laquelle débarquèrent tant de milliers d'Arabes accourus des déserts d'Afrique pour fonder une nouvelle patrie dans l'Andalousie, la plus riche contrée de l'Europe (1). A notre droite, s'offraient des montagnes nues, des rochers calcinés; à gauche, au contraire, des vergers, des champs bien cultivés, que de nombreux palmiers embellissaient encore; sous nos pieds, ces bizarres petites maisons carrées qui me rappelaient celles de *Pompeïa*, et près desquelles circulait une population à moitié nue.

Le costume est à peu près le même que celui des habitans du royaume de Valence, mais plus simple et plus économique. Nous avons vu un grand nombre d'enfans de cinq à six ans n'ayant qu'une simple chemise; d'autres, plus légèrement mis encore.

Nous ne vîmes de monument remarquable dans la ville, qu'une église assez belle, mais d'une architecture un peu lourde.

Notre croisée donnait sur la cour d'une maison voisine, occupée par une jeune veuve aussi jolie qu'intéressante. Nous la saluâmes; elle nous rendit notre salut, et nous liâmes conversation; elle nous parla de son mari, qu'elle avait perdu, il y avait quatre mois; d'une petite fille de trois ans qui, nous assura-t-elle, était son unique consolation; enfin, à onze heures du

(1) Almeira et Malaga étaient les deux points de la côte où débarquaient de préférence les flottes arabes. Grenade, ancien séjour des rois maures, n'est qu'à quinze ou vingt lieues de ces deux villes. Le choléra nous empêcha d'aller jusque-là, et nous fûmes privés ainsi de voir l'Alhambra, la merveille de l'Espagne.

soir, elle nous dit : *adios cavalleros!* Le lendemain, nous comptions reprendre la conversation; mais M. Rambeau vint nous avertir qu'il avait retenu notre passage sur une barque qui partait pour Alicante, à quatre heures du soir. Nous dînâmes à la hâte avec nos deux marins. Nous avions eu, un instant, envie de prendre passage sur leur bâtiment qui allait au Hâvre; mais une navigation de quarante jours nous avait effrayés.

D'ALMEIRA A ALICANTE.

(60 lieues de France.)

Du 26 au 29 juin.

A quatre heures, nous étions à bord d'une assez mauvaise barque, *la Santissima-Trinidad*, patron Pedro Broton, aussi complaisant que notre premier l'était peu. Nous n'étions que deux passagers et six hommes d'équipage : le patron, trois matelots, le *cocinero* (cuisinier) et le *muchacho* (mousse et aide-cuisinier).

Le vent était favorable, et en deux jours et demi nous fûmes dans la rade d'Alicante, après avoir passé devant Carthagène; Torre-Vieja, où nous vîmes plusieurs grands navires anglais et suédois charger du sel; et, enfin, à Santa-Pola, patrie de nos marins; là, nous passâmes une bien mauvaise nuit, un garde-marine nous ayant assuré que nous ne serions pas reçus à Alicante, et qu'on nous enverrait à Mahon faire quarante jours de quarantaine, sans même nous permettre de prendre des vivres.

Le bureau de santé d'Alicante nous soumit à une quarantaine de quatorze jours, à faire dans la rade, sur notre barque, ce qui était bien dur; mais comme la veille nous avions craint un traitement plus rigoureux, nous nous résignâmes et appelâmes toute notre philosophie à notre secours.

ALICANTE.

29, 30 juin et 1 juillet.

Nous ne parlerons d'Alicante que vu de la rade; car, comme on le lira plus loin, nous n'y sommes pas entrés.

Cette ville est une des plus fortifiées de l'Espagne; une montagne fort élevée et presque à pic, couronnée par un château fort et des remparts hérissés de canons, domine à la fois et la rade et la ville. Aussi les Espagnols s'enorgueillissent-ils de cette cité, et disent-ils haut que les Français n'ont jamais pu s'en emparer.

Le peu de maisons que nous avons vues nous ont paru belles, elles ont trois à quatre étages.

Le port est détestable, ou plutôt la rade; car on ne peut appeler port un endroit complètement ouvert aux vents d'Est et de Sud, et où les bâtimens sont continuellement en mouvement.

Alicante et Malaga sont les deux villes d'Espagne qui font le plus de commerce avec la France.

Le 1er juillet, nous comptions, comme *Jean-Jean*, que nous n'avions plus que onze jours à faire, quand une voix fatale, je l'entends encore, cria : Patron d'Almeira, à terre!

Nous entendîmes de notre barque la voix altérée du patron; nous le vîmes arriver la tête baissée...... Le mouvement des rames même annonçait l'abattement de nos rameurs, et semblait indiquer une mauvaise nouvelle. Le pauvre Pedro Broton monte sur la barque sans mot dire..... Au bout de quelques minutes, il laisse échapper ces terribles paroles : On nous ordonne d'aller à Mahon. Je vous laisse à penser notre serrement de cœur!

La peur du choléra augmentait de jour en jour. La peur rend injuste; et malgré nos trois jours de quarantaine, on nous envoyait à Mahon parce que le bruit se répandit que le choléra était à Almeira.

Enfin, un de nous, moins résigné ou moins découragé, va à terre, ou plutôt près de terre; car il ne nous était pas même permis de toucher la terre d'Alicante avec le doigt, demande à parler au chancelier du consul; là, dans la conversation, il apprend que nous pouvons aller en France, si notre patron veut nous y conduire. A l'instant même, nous nous arrangeons avec nos marins pour aller à Marseille, leur promettant, par écrit, de payer toutes les dépenses pour l'équipage et nous, jusqu'au jour où ils pourront mettre à la voile pour retourner dans leur pays.

Nous achetons des vivres, prenons un pilote à Alicante (notre patron ne connaissant pas les côtes de France), et nous quittons ce rivage inhospitalier et sans foi.

D'ALICANTE A SALAU,

PRÈS TARRAGONE.

(60 lieues de France.)

Du 1 au 4 juillet.

Nous allâmes, le 1er juillet, au soir, à Santa-Pola, trois lieues d'Alicante, changer notre voile qui était déchirée; et, le 2, au matin, après avoir été une heure à terre pour acheter du vin, des fruits, des cigares, et laisser à nos marins le temps de faire leurs adieux à leurs mères, leurs femmes et leurs enfans (adieux qui se firent à dix pas de distance), nous mîmes à la voile.

Jamais vent plus favorable ne seconda de plus impatiens voyageurs; nous faisions trois lieues à l'heure; mais le troisième jour le maudit vent d'Est vint encore troubler notre joie, et nous recommençâmes à courir des bordées.

Qu'une nuit paraît longue, quand on est à demi étendu, tout habillé, sur une mauvaise paillasse, dans un trou de cinq pieds de long sur trois de haut, ayant sous ses pieds des planches mal jointes, d'où s'échappe une odeur d'eau croupie, et pour compagnons de gros vilains insectes qui viennent roder autour de vous; puis, souvent obligé, quand le roulis est trop fort, de se cramponner à sa paillasse, pour ne pas tomber; et de temps à autre étourdi par les cris du patron commandant la manœuvre; j'aurai long-temps dans les oreilles ses *lestos*, *hissa*, *venga*, *cambia*, *cassa*, avec accompagnement de jurons.

Cette journée de navigation ressemblait tout-à-fait à celle que nous avions passée devant le cap Gata; comme elle aussi, elle se termina par une relâche forcée dans la rade de Salau.

SALAU (CATALOGNE).

Salau est un fort joli village de la Catalogne; il a un très-petit port et une excellente rade; dès que nous eûmes jeté l'ancre, notre patron alla à terre dire que sa barque faisant eau, il ne pouvait aller à Mahon, et qu'il demandait en grâce à faire sa quarantaine à Salau; le capitaine du port lui répondit que cela n'était pas impossible; mais que cette affaire excédant sa compétence, il enverrait nos papiers à Barcelone.

On nous envoya un garde à bord; on nous fit hisser un pavillon jaune à mi-mât; et nous allâmes prendre rang au milieu de sept ou huit bâtimens qui faisaient quarantaine.

Nous attendîmes pendant sept grands jours la réponse de Barcelone, toujours sur notre bateau. Le cinquième jour, à huit heures du soir, nous essuyâmes un orage épouvantable; nous ramassâmes sur le pont des morceaux de grêle gros comme des noix. Néanmoins, au milieu de tous nos ennuis, nous devions encore remercier la Providence; car chaque malheur qui nous frappait était adouci par une circonstance heureuse.

A peine volés, nous trouvons un banquier qui nous escompte un billet dont il ne connaissait pas les signatures.

Le mauvais temps nous empêche d'aborder à Cadix; nous sommes sans argent, un compagnon de voyage, notre brave commandant d'artillerie de marine, met sa bourse à notre disposition.

Les vents d'Est nous retiennent quatorze jours à Malaga; nous y serions morts d'ennui sans toutes les bontés que M. Doré de Nyon a eues pour nous.

Pendant les vingt et un jours qu'il nous a fallu rester à bord de *la Santissima-Trinidad*, les élémens et les autorités espagnoles conjurés contre nous, nous sommes assez heureux pour trouver dans tous nos marins, depuis le patron jusqu'au mousse, un dévoûment, des égards, des petits soins incroyables. Quand ils nous voyaient tristes, ils nous racontaient des anecdotes: l'un, ses amours; l'autre, le frère du patron (Vicente Broton), contrefaisait un moine rendant visite à la jeune femme d'un pêcheur, et lui annonçant que, pendant l'absence de son mari, il viendrait la nuit pour chasser le diable de son logis. Le patron, au contraire, très-religieux, nous racontait, avec une conviction étonnante, les cérémonies tout-à-fait extraordinaires qui ont lieu à Elche (quatre lieues d'Allicante) les 14 et 15 août pour célébrer l'Assomption.

Il y a cinquante ans, nous disait-il, qu'on trouva dans les champs une belle statue de la Vierge, en argent (tombée du ciel apparemment), toutes les églises voisines se disputaient la possession d'un objet aussi sacré que précieux. Il fut décidé qu'on s'en remettrait au jugement de Dieu. La vierge fut placée sur une voiture attelée de deux bœufs à qui on banda les yeux; on leur fit faire trois ou quatre tours, et ensuite on les laissa cheminer à leur gré : les bœufs s'arrêtèrent à la porte d'une petite chapelle. Les prêtres de l'église principale ne se rendirent point à ce jugement, ils enlevèrent de force la statue et la placèrent dans leur église qu'ils fermèrent avec le plus grand soin. Le lendemain, quel étonnement! la vierge n'était plus dans l'église; on la trouva placée miraculeusement sur l'autel de la petite chapelle. Depuis, cette chapelle s'est considérablement agrandie, et, grâce à sa vierge protectrice, c'est une des plus riches églises de l'Espagne.

La veille de la cérémonie, douze dames viennent habiller la vierge; elles lui mettent une chemise, mais par-dessus celle qu'elle a depuis cinquante ans et qui, assurent-elles (notre patron l'a entendu de leur bouche), est aussi *limpia* (blanche) que le premier jour.

Dans le chœur on voit un ciel en gaze. Ce ciel s'ouvre et donne passage à une boule d'or qui descend peu à peu; parvenue à moitié du chœur, elle s'ouvre; un ange en sort tout aussitôt et, déployant ses ailes, descend apporter à chacun des quatre évangélistes, qui sont placés près de la vierge, une palme, et dépose sur la tête de celle-ci une couronne. Il lui annonce ensuite qu'elle doit mourir. La vierge lui répond (car ce jour-là c'est un jeune homme qui remplit le rôle de la vierge), et enfin, après un dialogue assez long, la vierge meurt.

Le lendemain 15, la véritable vierge a remplacé

l'autre, et l'ascension a lieu. La statue s'élève *poco a poco*, deux anges sont à ses côtés tenant une couronne d'or sur sa tête; et au moment où elle entre dans le ciel, la musique, l'artillerie, mille vivats se font entendre!

Un concours prodigieux de spectateurs assistent à cette fête; il en vient non seulement des villes voisines, mais encore de Séville et de Madrid.

Retournons à Salau.

Le 10 juillet, au matin, le capitaine nous signifia l'ordre de quitter la rade dans le délai de deux heures, et joignit à cette aimable réponse une note de frais arbitrairement fixés par lui à 60 francs (1).

Nouvelle crise : le patron hésitait toujours entre Mahon et Marseille. Ses papiers étaient pour Mahon et on lui avait dit que s'il changeait de route il s'exposerait à recevoir un coup de canon d'un bâtiment garde-

(1) Ces 60 fr. furent partagés entre le capitaine du port, le secrétaire et le médecin. Le capitaine ayant soin de se faire la part du lion, pas un sou pour le gouvernement ni pour l'entretien du port.

Voilà un échantillon de l'administration en Espagne : le gouvernement ne paie pas ses employés; ceux-ci se paient eux-mêmes et créent, avec une facilité merveilleuse, de prétendues indispensables formalités d'où découle une série de petits impôts à leur profit.

Notre coquin de commandant du port pouvait avoir une réponse de Barcelone en trois jours; il ne nous l'a fait connaître que le septième. Pourquoi? Parce que chacun des jours que nous restions en rade lui rapportait 5 fr.

Nous avons su, à n'en pas douter, que si nous lui avions donné une centaine de francs nous serions débarqués le lendemain; malheureusement nous l'avons su trop tard.

côte. Nous levâmes cette nouvelle difficulté en obtenant un visa pour Marseille, et à une heure nos trois voiles étaient déployées.

DE SALAU A CETTE.

(60 lieues de France.)

Du 10 au 13 juillet.

Le premier jour, nous fîmes peu de chemin; le lendemain, le vent fut meilleur, et nous passâmes rapidement devant Barcelone, Mataro et toute cette belle côte que nous avions parcourue un peu plus de deux mois avant.

A la nuit, nous fûmes hélés par un *corsario* (bâtiment garde-côte); nous nous rappelâmes la menace du coup de canon; heureusement nos papiers étaient en règle. Le 12, au matin, nos marins nous crièrent: *Costas de la Francia;* nous leur répondîmes par un vivat, puis nous leur distribuâmes à chacun un verre de liqueur.

Qui croirait qu'un jour commencé sous d'aussi heureux auspices, serait le plus pénible de notre voyage?

A la hauteur de Port-Vendre, premier port français, le vent changea tout à coup, et de fortes lames vinrent soulever notre barque. Pas un de nos marins n'était allé à Marseille; et le *pratico* (pilote) que nous avions pris à Alicante, était un vieillard de soixante-onze ans qui, s'il avait jamais su le chemin de Marseille, l'avait totalement oublié.

Notre patron, homme très-superstitieux, se lamentait comme une femme; c'était son premier voyage comme patron; aussi maudissait-il sa funeste ambition. Il se rappelait les craintes de sa mère, ses prières pour le dissuader de quitter son humble métier de pêcheur, métier qui du moins lui permettait chaque soir de revoir sa famille, d'embrasser sa femme et son enfant. Vers le soir il multiplia les signes de croix, les *santissima virgen*, entremêlés de *maladeo*, et autres juremens; des éclairs, de légers nuages qu'il nous fit remarquer, annonçaient, disait-il, un redoublement de vent pour la nuit et augmentaient d'autant sa frayeur; elle fut telle qu'il s'écria plusieurs fois: *Estamos todos perdidos!* (Nous sommes tous perdus!)

On délibéra un instant s'il fallait virer de bord et chercher un refuge à Port-Vendre, ou bien si l'on devait échouer la barque et se sauver comme on pourrait à terre. Enfin, à une grande majorité, il fut décidé qu'on continuerait de manœuvrer sur Marseille tant que la mer le permettrait, en avançant lentement, et jetant la sonde de quart d'heure en quart d'heure; cependant avant la nuit on avait, à l'aide de la boussole, noté les deux aires de vent qu'il faudrait prendre dans le cas où la violence et la direction du vent nous obligeraient soit d'échouer, soit d'aller à Port-Vendre.

Nous restâmes sur le pont jusqu'à dix heures du soir: à peine si nous songeâmes à manger dans cette terrible journée; un biscuit, du poisson salé, un peu de vin et un cigare, furent toute notre consommation.

Nous avions les yeux constamment fixés sur les vagues

5

quelques-unes nous effrayaient d'abord, plus fortes, plus élevées que notre barque, elles paraissaient devoir nous engloutir; mais notre petit bâtiment recevait très-bien ce redoutable choc, et se relevait avec une grace qui nous rassurait et nous plaisait tout à la fois.

Nous nous résignâmes assez pour pouvoir prendre trois ou quatre heures de repos. A trois heures du matin, nous fûmes réveillés par le chant de nos matelots; ah! jamais la voix ravissante de madame Malibran ne fit goûter à ses nombreux admirateurs de sensation plus délicieuse!

Au point du jour, nous montons sur le pont, la terre est à cinq lieues devant nous; tout annonce que dans quelques heures nous serons à Marseille. Pepo, le plus jeune de nos marins, grimpe au haut du mât et confirme nos espérances en assurant qu'il distingue une ville.

Au bout d'une heure, nouveau désespoir de notre équipage; ce pauvre Pepo s'était trompé. Heureusement deux voiles étaient en vue à une lieue de nous; notre bâtiment étant bon marcheur, nous les atteignîmes promptement et hélâmes un bateau monté par des pêcheurs français qui mirent en panne et eurent la complaisance de nous indiquer notre chemin. « Vous êtes à quinze lieues de Marseille, nous dirent-ils; le vent n'est pas favorable; il vous faudra vingt heures pour y aller. Cette n'est qu'à huit lieues, et en trois heures vous pourrez y être. » Nous choisîmes, comme vous pensez bien, le plus court chemin, et à quatre heures, le 13 juillet, nous jetâmes l'ancre dans le joli port de Cette.

Vous dire notre joie serait chose superflue; qu'il vous suffise de savoir que notre patron devint aussi gai, aussi causeur qu'auparavant il avait été triste et taciturne, et que notre barque retentissait de chants espagnols.

Les employés du bureau de santé nous montrèrent beaucoup d'intérêt, et ils furent aussi intelligens pour faire le bien que les autorités espagnoles l'avaient été pour faire le mal.

Nous fûmes soumis à une petite quarantaine d'observation de cinq jours; et le 17, à cinq heures du matin, après avoir reçu une fumigation, il nous fut permis de débarquer.

DE CETTE A PARIS.

Du 16 au 26 juillet.

La ville de Cette, quoique assez petite (dix mille habitans), est cependant fort importante par son commerce de vins; un grand nombre de bâtimens suédois, hollandais, génois, etc., y viennent toute l'année charger des vins de toute espèce, le Malaga et le Madère, aussi bien que le Lunel et le Frontignan. En effet, on y fabrique tous les vins étrangers, et avec une telle perfection que les plus fins gourmets y sont souvent trompés.

Avant de nous séparer de nos marins, nous leur donnâmes, la veille de notre départ (le 18 juillet), un dîner splendide, dîner d'adieu et tout à la fois de reconnaissance des bons procédés qu'ils avaient eus pour nous pendant notre séjour à bord de la *Santisima-Trinidad.* Personne ne fut oublié; le mousse fut traité à l'égal du patron.

Ils parurent nous quitter avec le plus grand regret, et vinrent à deux ou trois reprises nous faire leurs adieux; les deux plus jeunes surtout, Garcia et Pepo, avaient les larmes aux yeux en nous disant : *Vayan ustedes con dios, nos ricordarémos siempre de Señores Carlos y Aquile* (1).

Je vois encore le patron, au moment où nous le quittâmes, nous prendre la main à l'un et à l'autre et les presser énergiquement sur sa poitrine! Quelle vive reconnaissance nuancée de regrets se peignait sur son expressive physionomie!

Le petit *muchacho* nous baisait les mains; il paraissait tout surpris de l'intérêt qu'il nous avait inspiré, et fier et heureux de pouvoir bientôt montrer à sa mère l'habillement neuf et quelques pièces blanches que nous avions eu tant de plaisir à lui donner.

Ils durent mettre à la voile le 18 à minuit; et nous, le 19 à cinq heures du matin, nous partîmes pour Montpellier.

Montpellier n'est qu'à huit lieues de Cette; nous y arrivâmes à huit heures du matin, et nous en repartîmes le même jour à onze heures. Nous ne fûmes pas assez barbares cependant pour quitter cette ville sans aller voir la célèbre promenade du Pérou, d'où l'on découvre à la fois la mer, les Alpes et les Pyrénées. Si

(1) Adieu (allez avec Dieu), nous nous rappellerons toujours MM. Charles et Achille.

nous en jugeons d'après notre première impression, le séjour de Montpellier doit être fort agréable; de belles maisons, des places superbes, une situation magnifique et un vrai climat d'Italie!

Nous entrâmes dans Nîmes à cinq heures du soir. Cette ville est belle; mais l'aspect de la population rappelle toujours à la pensée les massacres de 1815. Comme tous les voyageurs, nous courûmes bien vite voir la Maison-Carrée, le jardin public et les Arènes.

Nous montâmes dans la diligence, qui devait nous conduire à Lyon, à dix heures du soir. Le lendemain, à quatre heures de l'après-midi, nous passâmes à Valence; il faisait une chaleur étouffante; le ciel était couvert de nuages, et tout annonçait un orage qui, en effet, éclata à sept heures du soir. Nous côtoyions alors les bords du Rhône qui, à cet endroit de la route, est très-profondément encaissé; nous allions ventre à terre, et nous avions à redouter l'ivresse des postillons (c'était un dimanche), les éclairs, le tonnerre et l'eau qui tombait à torrens. Sur les huit heures, je m'étais endormi comme la plupart de mes compagnons de voyage, le sommeil ayant été plus fort que la crainte; quand tout-à-coup des cris de désespoir, des cris de mort me réveillent. Je me trouve dans une obscurité complète, la poitrine brisée comme dans un affreux cauchemar. Je sens deux ou trois secousses de la voiture, et je me vois roulant dans un abîme.... M'étonnant déjà de ne pas être suffoqué par l'eau, ou de ne pas sentir ma poitrine déchirée par quelques pointes de rocher ou par les éclats de la voiture. Pour de l'espoir, je n'en avais plus. J'avais aussi froidement que rapidement analysé ma position, et me disais ces paroles du Dante: *Lasciate ogni speranza.*

Je ne demandais qu'une chose, peu souffrir, et ne l'espérais même pas. Cependant, comme l'eau n'arrivait pas et que la diligence paraissait immobile, un pâle rayon d'espérance vint me ranimer, je parvins, après quelques efforts, à me débarrasser de deux de nos voyageurs qui, ayant perdu tout-à-fait la tête et se croyant probablement dans le Rhône, nageaient par avance dans la voiture et distribuaient force coups de pieds; je mis la tête hors la portière et je crus voir le Rhône (tant j'étais convaincu y être tombé); mais comme j'apercevais un champ à quinze pas plus loin, je me rassurai sachant que je pourrais nager jusque-là.

Ce que je prenais pour le Rhône n'était que la route; nous avions versé dans un fossé, mais si complètement que lorsque nous nous fûmes hissés par la portière, nous ne vîmes ni postillon, ni chevaux ni avant-train (la cheville-ouvrière s'était défaite). Au bout de dix minutes, le postillon ramena les chevaux, etc.; deux heures après, nous remontâmes en voiture n'ayant eu d'autre mal que la peur.

Nous arrivâmes à Lyon le 21, à dix heures du matin; nous traversâmes le faubourg de la Guillotière, et un peu avant le pont, un assez grand nombre de maisons à demi ruinées et désertes vinrent attrister nos regards: déplorable résultat de nos dissensions civiles; dissensions qu'il eût été plus glorieux de prévenir que de réprimer.

Nous séjournâmes fort peu de temps à Lyon; mon ami, que des affaires importantes rappelaient dans la capitale, partit le lendemain à cinq heures du matin; et moi, curieux de connaître les chemins de fer, j'allai retenir une place pour Saint-Etienne.

A trois heures et demie, je montai dans une voiture omnibus qui contenait vingt-cinq voyageurs, quarante personnes étaient dans une voiture découverte à laquelle notre omnibus était attaché et le tout était traîné par un seul cheval; nous faisions cependant près de quatre lieues à l'heure. Nous traversâmes dix à douze galeries souterraines. On voit de tous côtés des mines de charbon de terre, des forges, des waggons chargés de fer et de houille. A huit heures, j'étais à Saint-Etienne.

Cette ville est certainement fort importante, fort recommandable par son industrie, par ses belles fabriques de velours et de rubans. Mais pour qui a vu le beau ciel de l'Andalousie, pour qui a respiré l'air pur des montagnes, pour qui a pu admirer les belles et blanches maisons de Séville, le séjour de Saint-Étienne est insupportable. L'air qu'on y respire est épais, les maisons sont couleur de cendre, le charbon vous tourmente de mille manières; il vous pique les yeux, le nez, et vous noircit de la tête aux pieds.

Je partis de Saint-Étienne pour Roanne, le 24, à huit heures du matin, et toujours par le chemin de fer. Nous étions au moins quarante voyageurs, tant dans l'intérieur que sur l'impériale d'une énorme diligence. Nous fîmes les premières lieues avec deux chevaux; ensuite on attacha notre voiture à la suite d'une file de vingt waggons environ, chargés de fer et de houille, et une machine à vapeur en tête nous fit faire, en moins de deux heures, huit à dix lieues. Nous nous séparâmes de notre convoi et continuâmes notre chemin sans l'aide de chevaux ni de vapeur; le chemin offrant une pente, la voiture s'avançait par son propre poids, absolument comme les chars des montagnes Russes ou Beaujon ; à l'aide d'un mécanisme, le conducteur modérait l'impulsion de la voiture et pouvait même l'arrêter au besoin. Cette manière de voyager est fort commode, mais pas tout-à-fait sans danger; la plus légère imprudence du conducteur peut compromettre la vie des voyageurs.

A deux heures, nous étions à Roanne; une demi-heure après, la diligence de Lyon à Paris vint à passer, et fort heureusement j'y trouvai une place; nous passâmes par Moulins, Nevers, La Charité et Fontainebleau; et enfin le 26 juillet, à quatre heures du soir, après une absence de trois mois et huit jours, je rentrai dans Paris.

Notre voyage en Espagne sera pour nous une source inépuisable de souvenirs, et de bien agréables souvenirs car peu à peu les momens d'ennui, les privations, et, avouons-le, quelque peu d'inquiétude, en un mot, tous les revers du voyage se sont presque effacés de notre esprit; mais ce qui ne s'effacera jamais, c'est l'impression profonde que cet étonnant pays nous a laissée.

FIN.

www.ingramcontent.com/pod-product-compliance
Ingram Content Group UK Ltd.
Pitfield, Milton Keynes, MK11 3LW, UK
UKHW021233230726
13926UKWH00003B/1406

9 782013 361675